旧建筑空间改造与更新设计

梁竞云／著

吉林出版集团股份有限公司

全国百佳图书出版单位

图书在版编目（CIP）数据

　　旧建筑空间改造与更新设计 / 梁竞云著. -- 长春：
吉林出版集团股份有限公司, 2021.6
　　ISBN 978-7-5581-9998-1

　　Ⅰ.①旧… Ⅱ.①梁… Ⅲ.①旧建筑物—旧房改造—
建筑设计 Ⅳ.①TU746.3

　　中国版本图书馆CIP数据核字(2021)第149543号

JIU JIANZHU KONGJIAN GAIZAO YU GENGXIN SHEJI

旧建筑空间改造与更新设计

著　　者	梁竞云	责任编辑	刘晓敏
出版策划	齐　郁	封面设计	雅硕图文

出　　版	吉林出版集团股份有限公司
	（长春市福祉大路5788号，邮政编码：130118）
发　　行	吉林出版集团译文图书经营有限公司
	（http://shop34896900.taobao.com）
电　　话	总编办 0431-81629909　营销部 0431-81629880/81629881

印　　刷	长春市华远印务有限公司	开　　本	787mm×1092mm　1/16
印　　张	14	字　　数	270千
版　　次	2022年6月第1版	印　　次	2022年6月第1次印刷
书　　号	ISBN 978-7-5581-9998-1	定　　价	68.00元

印装错误请与承印厂联系

前　言

　　中国城乡建设已进入一个由增量开发转换为存量开发的内涵发展阶段，它所面对的是中国当今城乡建设进程中的一系列现实性课题，建筑如同一个建立在自然与历史发展基础之上不断更新与新陈代谢的有机体，如何对待城乡既有建筑及其空间，使其成为城乡空间可持续发展的有机组成部分，是目前及将来解决城市可再生空间资源的核心问题，其表征的意义已经不只是城乡物质空间环境的改善，而是有着更广泛的社会、经济与文化上的复兴意义。　　我国在二十一世纪前后史无前例的大规模城市化与工业化建设，造成大量的工业及民用建筑还未达到其物理寿命，就因新时期迅猛的产业结构升级与区域生态环境的问题，城市中大量的旧建筑成为了城市肌体中阻碍其有机系统的循环与再生的一个个瘤疤。通过对这些旧建筑改造与更新的理论研究与实践探索，配合城乡空间结构的重新布局与区域功能的重新塑造，让这些旧建筑重新焕发出新的生命力，是我国当今城乡建设更新进程中一个需要不断研究的课题。

　　基于此，本书以"旧建筑空间改造与更新设计"为题，全文共设置六章：第一章阐述旧建筑空间改造朔源、旧建筑改造更新的原则、建筑空间构成元素在更新设计中的运用；第二章探究旧建筑改造项目模式分类、旧建筑改造的空间重塑与融合、旧建筑结构体系与改造技术、旧建筑改造工程的项目管理；第三章解析建筑空间改造的"新旧"共生设计、旧建筑改造中的城市有机更新设计、旧建筑再利用的设计逻辑与方法；第四章内容有旧建筑内部空间的改造再利用、旧建筑室内外转换的空间设计与建造、基于场所精神的旧建筑室内改造设计、基于使用者需求的旧建筑改造设计；第五章讨论旧建筑改造中共时性与历史性设计、旧建筑改造的空间重塑与融合设计、旧建筑改造更新中差异并置手法、旧建筑的绿色改造设计策略；第六章探索街区及旧建筑组团的综合性更新改造设计、公共文化及创意商业空间旧建筑改造更新设计、基于文保前提下的历史建筑修缮性更新设计、美丽乡村建设中的乡村建筑改造设计。

全书希望秉承较为新颖的理念，内容丰富详尽，结构逻辑清晰，客观实用，从旧建筑空间改造设计，空间改造技术性应对策略对读者进行引入，系统性地对旧建筑空间的改造与更新进行解读。另外，本书注重理论与实践的紧密结合，对相关设计及建设行业具有一定的参考价值。

目　　录

第一章　旧建筑空间改造设计概论

第一节　旧建筑空间改造朔源

旧建筑是见证城市空间形态发展的承载体，记录了整个社会发展的进程。随着时代的发展，部分旧建筑空间已经不适合时代快速变化的生活生产方式，根据现代生活生产的需求，顺应城市发展的秩序和规律，需要在综合考虑各种因素的前提下进行旧建筑空间的有机改造设计。

旧建筑空间改造更新应关注生态环境保护，利用科学技术手段，将设计美学和历史人文相融合，从而促进城市的有机更新。如何有效的将城市有机更新理论应用到旧建筑改造设计，也是我们必须重视的问题。在旧建筑的改造上通过有机更新展示了一个新旧结合的可能性，提供精神及文化上的延续，从而达到部分与整体的和谐，自然与建筑的关联，城市与建筑发展协调统一。

文艺复兴时期，建筑大师米开朗基罗就有将罗马时期的浴场再利用为教堂的先例。但现代的再利用运动则是二次世界大战之后开始的。战后许多城市迫不及待的迅速展开重建，在现代主义的笼罩之下，大多数许多业主与建筑师宁愿采取破坏、重建的手法以求取得最快的改建方式，也不愿意以对原有建筑物进行再次改造，使之适应新时代的需来满足人们之要求，在此背景下许多旧建筑被直接夷为平地。直到60年代以后，对于旧建筑与整体环境之涵盖关系的认识才开始逐年提高，现代对于建筑改造再利用运动在世界各个国家逐渐展开。但截至70年代初，更新运动还不是一种影响力较大的社会运动与建筑思潮，世界各国对于旧建筑更新改造还只都是基于一种历史与维护的修建方式，与修复历史文物建筑是当时建筑更新改造的中心思想，这个时期保存旧建筑的最大动因只是留存历史保留原样。从70年代开始，人们逐渐认识到许多被保存下来的建筑只是一座座精美的建筑躯壳而已，其并无生命也开始失去与时俱进的功能。于是人们又开始寻求可以让旧建筑活化的保存方式，再利用的观念于是逐渐兴起，而这种将旧建筑空间进行改造设计的"再循环现象"终于在以后成为广受欢迎的改造方式。

工业文明的兴起起，20世纪人类社会进入迅速发展的时期，经济发展与生活方式的转变促使人们对建筑空间功能与精神层面得到更多的的需求从而进行改造建设。人们在面对工业文明带来的社会问题和环境问题的同时时，也在积极寻找解决的途径径，而在建筑外部空间改造和内部空间改造过程中，由于不能很好的正确处理好旧建筑自身所包含的历史价值，文化价值，情感价值，经济价值等其他综合价值的平衡关系，不能正确认识到旧建筑空间改造中"新"生物与原"旧"有物之间的关联性而出现诸多弊端。在各地兴起的旧建筑空间改改造中，"一刀切"的设计手法使众多城市建筑内外空间出现"千城一面"、"外生内死"的建筑空间改造趋势，使新旧空间之间无沟通、历史文化传承断层，空间人文情感流失，空间功能僵化等现象日趋严重。

一、旧建筑空间的概念解析

（一）旧建筑

建筑从建成的那一刻起，建筑就已经开始了老化、损耗、由新向旧转变的过程，因此广义上来讲，旧建筑涵盖的内容非常广泛，时间上可以跨越迄今为止的各个历史时期，内容上既包括具有重大意义的文物建筑，也包括大量存在的一般性旧建筑。文物建筑是已被立法保护的"文物保护单位"中的"建筑"对象，必须参照特定的文献开展保护工作，第二个是"一般性建筑"，是相对文物建筑而言；而"旧建筑"，是从再利用角度来定义的，它应具备两个方面的前提：①具有一定的文化意义：即历史、艺术、科学等方面的价值。这是"旧"建筑的潜力所在；②已基本失去原有功能，建筑基本处于废弃状态；或仍具原有功能，但必须适应新的使用要求。这是"新"功能产生的基础。

（二）改建与再利用

旧建筑"再利用"根据美国《建筑、设计、工程与施工百科全书》的定义，旧建筑空间改造设计是指"在建筑领域之中借助创造一种新的使用机能，使其原有机能得以满足一种新需求，重新延续一幢建筑或构造物的行为。有时也被称作建筑适应性利用。旧建筑空间改造设计可以使我们捕捉建筑历史的价值，并将其转化成将来的新活力。建筑功能置换是旧建筑空间改造设计的核心。旧建筑空间改造设计是否成功的关键在于建筑师是否能抓住一幢现存建筑的潜力，并开发其新生命的能力。

如今，对旧建筑空间进行改造再利用除了保存部分或整体的历史性外，还有替旧建筑注入新的生命，使建筑本身和周围的环境焕发新的活力的含义。只用保留的方式对旧建筑使其不再继续被破坏只是一种消极的办法，替旧建筑寻求新的生命才是更积极的举动。从这个意义上说，旧建筑空间改造设计对于今天人们创造新的环境具有特别的意义，因为根据这种保存策略，人类过去的历史可以以"活"的面貌保存至今日，甚至可以与今世共同成为未来的见证。整体而言结构安全的旧建筑可以在历史性与现代性兼顾的条件下完成其生命周期的再循环，并让其以自身得到经济上的存活能力。

二、旧建筑改造的背景

建筑改造的作用广泛，包括经济利益、环境更新和历史文化延续等方面的价值。国外的建筑改造发展比较成熟。在文物建筑、旧建筑、历史遗存进行改造性再利用方面，美国、澳大利亚、以及欧洲等国都先后制定了政策法规，是对旧建筑空间改造设计行为的指导和管理。我国自20世纪90年代以来，建筑史学家对我国近现代建筑史作了大量的归纳、研究与编辑工作，为分析我国近现代旧建筑改造设计的发展提供了大量翔实的论据。但关于旧建筑改造设计课题在建筑领域的相关研究起步较晚，但因为其重要程度迅速成为学者关注的焦点以得到迅速发展。如今，历史性建筑的保护更新已经不是当前旧建筑改造设计中的唯一关注点，民用建筑中大量的改造更新活动还是以居住类建筑和公共建筑的功能与空间改造为主。

（一）国外旧建筑改造的研究背景

1.兴起与发展

（1）起步阶段。1919年至1945年，参战国家由于战乱导致经济全面倒退，建筑改造未得到发展甚至后退，中立国家只有局部有所突破。这期间只有极少数的旧建筑更新项目，设计无规律可遵循。代表作品有美国阿尔瓦·阿尔托改造设计的芬兰馆（1939年），法国玻璃屋（1928—1932年）和瑞典哥德堡法院（1934—1937年）。

（2）探索阶段。1945年至1960年代初期，欧洲国家开始战后重建，各国政策方针不同，发展程度虽有差异，但整体大同小异。最突出的是意大利和德国的旧建筑改造发展。一方面，以物质空间决定论为基础的城市更新中，主要以拆旧建新的模式，将很多历史街区和质量尚好的建筑遗产推倒，造成了历史文化景观的消亡与环境中赋予的情感缺失，如巴黎中央市场和伦敦尤斯顿火车站等；另一方面，国际文物工作者理事会ICOM发布的1964年发布的《威尼斯宪章》，导致60年代末、70年代初全球进行大规模的旧建筑改造。代表作品有意大利维罗纳城堡博物馆（1956—1964年），英国斯内普麦芽音乐厅（1965—1967年）。

（3）拓展阶段。1970年代中后期经历了两次石油危机的冲击后，工业革命向信息化革命的进程，加快了旧建筑更新发展，英国和美国接踵出台了利于更新的政策。代表作品有德国法兰克福"博物馆岸"边的"屋中屋"以及意大利帕尔马皮罗塔宫。1980年代中叶以来，西方对于旧建筑改造产生分歧，一点是由创新观点引发的反传统设计，另一点是对旧建筑的翻修和改建。主要从对两方面进行改造：一是持续上一段期间对传统旧建筑的连续改造与大规模的更新再利用；二是对旧建筑尤其是普通旧建筑进行功能改造。代表作品有美国纽约新阿姆斯特丹剧院（1997年），法国巴黎旧奥赛火车改造为奥赛博物馆（1985年），英国伦敦滨水发电厂改造为泰特现代艺术馆（1995—2000年）。

（4）成熟阶段。20世纪以来西方各国不断探索旧建筑改造，着重从节能、环保、生态等角度出发，展现了改造艺术与技术的多样性，引发了新一轮的旧建筑更新高潮，更好解读了文化复兴和城市更新。代表作品有美国明尼苏达州明尼阿波利斯面粉厂城市博物馆（2003年），德国柏林博物馆岛（2005—2009年）。

2.理论指导

《建筑与历史——新旧建筑的结合》由布伦特·C·布罗林著，于1988年中国建筑工业大学出版社出书，本书主要通过列举优秀案例，分析优秀建筑师们处理新老建筑关系问题的不同方法。《建筑重生——旧建筑的改建与重建》由肯尼斯·鲍威尔著，由于馨、杨智敏翻译，于2001年大连理工大学出版社出版，本书仔细地研讨了旧建筑的改造和再利用问题。书中罗列出国内外44个优秀的旧建筑范例，全面评价了旧建筑改造的重要及紧迫，并断言这会为建筑业开辟出新的范畴。《建筑改造——老建筑新生命》主要讲解了至1990年代后期完工的世界范围内的40例典型旧建筑改造案例。《建筑之回应：保护过去，为未来而设计：EYP》主要详尽描述了美国EYP公司的改建与修整建筑案例。在建筑保障及改造更新利用蓬勃发展的国家，许多高等院校都设立了系统的历史保障专业和相关科目。

（二）国内旧建筑改造的研究状态

1.兴起与发展

（1）起步阶段。19世纪50、60年代，新中国成立至文革后这段期间受国家发展的局限，社会局面混乱，经济停止不前甚至后退，观念和技术上都未继承中国传统中优秀的设计技术与理念，以节约为前提只有简单的几个改造案例。代表作品有南通市人民剧场改建（1960年）、上海市人委礼堂（1960年）。

（2）探索阶段。改革开放至20世纪末期间经济复苏，国家注重对包括历史建筑在内的文化遗产的保护，随着国外观念的引入，改造再利用成为主题。改造技术提高，基础设施加以完善，内部空间或上或下的进行加建，人们对改造手法虽出现了争议但也有了新思路，当时人们对于改造存在理解误区，造成了旧建筑资源的浪费，但旧建筑改造整体上也取得了跨越式的发展。代表作品有广州华侨大厦改扩建（1987年），上海美术馆（1997—2000年）。

（3）拓展阶段。可持续发展、城市更新等政策法规的全面落实，相关学科的建设，旧建筑改造得到全面开展。改造类型逐渐增多，改造方法也借鉴西方优秀案例，注重地方特色的展现与文化品质的提升，出现了多元杂糅的现象。代表作品有北京民航总局大楼改造（1998—2004年），唐山博物馆改扩建（2009—2011年）。北京798艺术区（2001—2004年）上海当代艺术博物馆--南市发电厂（2011—2014）。

2.理论指导

《建筑归来——旧建筑更新改造精品范例集》由陈宇著，于2008年人民交通出版社出书，系统讲述了国内一些经济发达地区产业建筑改造更新的实际做法，深度剖析所列工业建筑改造范例的设计特点、改造方法和实践状况，为该领域研究提供了基于中国国情的详确案例。《城市改造·重塑与再生·旧建筑改造与翻新设计书》由香港理工出版社编著，于2012年华中科技大学出版社出版，本书收录了全球著名改建项目，用改造更新设计来保存历史文脉，用设计来让旧建筑空间重新恢复生机，以旧建筑重生的案例为切入点，对如何保存历史文脉、同时缔造出功能和风格上都实现当代人需求的建筑空间，具有重要的参考价值。

旧建筑空间的改造的不仅仅是物质空间的更新，更包括经济利益、环境更新和历史文化延续等方面的价值，逐渐注重绿色生态、环保的意义。国家也先后制定了相关政策法规，是对旧建筑空间改造设计行为的规范指导和管理。

（三）旧建筑改造的特性

1.经济价值环保价值

改造旧建筑与建造新建筑相比一般情况下有以下优点：工期短、投资少、效益高。通常一座结构良好的建筑可以改建成为符合现代功能需求的建筑空间，其造价比新建同规模的建筑低很多。许多待改造的旧建筑，大多没有达到其使用寿命的设计年限，只是不符合新时期的功能使用需求而被淘汰，通常新建筑的造价一半左右就可以很好的完成相同规模的旧建筑改造，使其建筑生命得到延续，实现其功能转换，从而节约了资金的投入。

旧建筑改造应与周围的环境和谐统一，如果周围有合适的旅游及其它相应资源，就可以通盘考虑改造成一个系统整体的主题空间项目，优美舒适的特色环境景观和主题旅游项目打造等等，使其成为旅游、观光、娱乐一体的第三产业，形成一个大规模的特色主题旅游区域，通过旧改来整合其它资源现成合力来取得最大的综合效益。

2.环保价值

旧建筑改造的价值更多的还体现在绿色环保的意义上，一栋建筑在建造中必然消耗大量的各种资源，同样在拆除中同样也是消耗大量资源并且产生大量的环境污染问题。如何能让这些资源最大限度的得到利用，旧建筑改造是其中的一个重要途径，它不仅仅只是一个经济上的考量，更多的是我们如何珍惜自己的地球家园，在更好地利用自然资源的同时，促进人类与环境的协调发展。

3.文脉与情感价值

建筑是一个城市的名片，是文化的载体。城市的旧建筑记录着城市发展的历程，是城市最清晰可见的编年史，留存着时代的印迹，这些印迹流露出深刻的文化内涵和生活气息，以及古朴与凝重的历史氛围，这是新建筑所取代不了的。

建筑的艺术本质在于建筑的移情作用，建筑是寄托人类情感的物质结构。旧建筑的改造再利用实际上就是城市"寻根"的过程。这种空间和时间上的文化认同构成了我们生存空间的框架。旧建筑作为一种符号系统，是城市"归属感"的象征，对其所在地的环境和人都有一定的意向作用。

总之，现在我国的城市建设进入了一个新的阶段，对旧建筑的改造利用道路仍然是漫长的，还需要我们不断探索和在以前的研究的基础上，在新的时代和新的社会背景中，充分挖掘出老建筑的城市经济、文化和生态层面的潜在价值，通过合理地改造,充分挖掘旧建筑的潜能,避免了经济资源和文化资源的浪费，使旧建筑及其所在的城市区域再现生机。在新的时期和标准规则变换中，在取得良好的社会效益意识下，为社会创造更多的价值。

第二节　旧建筑改造更新的原则

一、整体性原则

事物内在的紧密联系或事物之间的连续，我们称之为整体性。整体与要素之间是辩证统一的联系。各个要素之间存在的相互作用力，导致了在由要素组成的整体具备了各个要素独立存在所没有的特性，要素之所以相互之间产生稳定的联系，正是因为这些结构力的作用。所以，这里所谓的整体，取自于马克思辩证唯物主义哲学中的系统的概念。各个要素不可能在脱离了系统整体独立存在之时仍能保持其特性。这也就是马克思辩证唯物主义哲学中关于整体与部分，系统和局部的辩证关系。

建筑创作中的整体性，原是古典建筑美学原则中的一条。它注重对审美客体的完整性概述，着眼于建筑物自身造型，整体分析各部分的比例关系。可以看出古典艺术中的审美逻辑，始终是根据事先确定静态视觉原理，从整体到局部、又从局部到整体的分析过程，遵循着由"物到物"的途径展开。对于旧建筑改造更新中运用差异并置手法而言，差异性元素的附加要妥帖恰当，确保建筑不会因其穿插的体量实体等局部变化或有附加的符号形式外在表现而变得六神无主，丧失主体完整性。建筑同样作为一个系统，自然具有内在的一套规律和结构。

差异并置整体设计，就是要统筹协调各个要素之间的结构关系，尤其是新旧的关系，建筑的现代性不至于彻底掩盖传统性，使建筑丧失对原真性和场所感的回应，变得怪异、疏远；同时不至于完全复古，结果只是一个披着传统文化外衣的假古董。因此，综合各种因素，务必是改造后建筑内在各部分之间达到高度的整体。

二、适应性原则

建筑的适应性就是将建筑的内容通过外在表现形式如实的反映出来，在旧建筑改造中就是差异并置的手法运用及其所表现的形式特征，要与建筑的内容相适应。从诞生之始，建筑就同时被赋予物质和精神的双重意义，人们在建筑中栖息以及从事各种精神性相关的活动。建筑的形式也是在对物质和精神的同时满足下，产生变革与演进建筑的物质性与精神性通过内外贯通，相互关联，彼此适应。所以在进行建筑的形象创作时，不可避免地要考虑整体意识在其中的决定作用。

建筑的整体性和内外一致性通过形式的合理性反映出来，进而能够加强形式的整体感，使建筑更加经得住推敲。因此，差异并置手法运用于旧建筑改造设计时，建筑师要统筹建筑的物质与精神标准，内在与外在特征，处理和完善好各种关系，综合性地对包括环境、功能、细节在内的各个要素等，进行整合创作，使建筑获得由内到外的统一，适应性得到有力充分的表达。

三、有机性原则

有机的重点在于分析建筑与自然的关联性。对于建筑设计，每个建筑都有其"之所以然"的形态特征，建筑无论从内在的结构构成到外在的表现形式，还是与自然环境的关联，都有一定的内在逻辑支撑。建筑形式不是凭空产生，而是通过自身由内到外的高度统一又富于变化，以及其与自然环境的和谐融洽，产生的一个有机体。

有机形式在建筑领域中的含义是指建筑和环境整体的和谐。建筑就如同自然界的有机生命体，同样经历从生到死的生长过程，建筑的形式取决于其内部的构成形制。在利用差异并置的手法进行建筑设计，有机建筑观给我们的意文就是：建筑的形式要顺应自然，充分理解建筑内在的形式逻辑，同时把握建筑生长的环境，使两者形成良性互助，相互促进，相互渗透，达到由内到外的高度统一；使新旧形体以及各组成成分之间都形成一种内在的紧密联系。

四、统一性原则

多样统一是建筑形式美的规律之一。多样统一是辩证地看待统一性，就是说要在变化中追求统一，在统一中寻求变化，或者换句话说就是融杂多于统一之中。旧建筑由于建造年代一般较久远，所用材料以及建筑形式等都有其时期特点，在更新设计中不可避免会去掉一些旧的元素和结构，镶嵌和插入一些新的元素和表现形式。这些部分既有区别又有着内在的联系。

建筑师在建筑改造设计中，就是利用其形式创作手段，合理地发现建筑的一些形式上的要素来组成各部分的差异与联系，按照一定的规律将那些差异性的组成部分整合在统一的形式语言模式下。

五、原真性原则

原真性，从字面上看包括两层含文，即真实性和原始性。真实性，体现了表达对象的确定性、可靠性。原始性意指特有的原创性，包括原生性和不可复制性。两者相互依存，相互联系。

（1）物质性原真性。对待历史建筑，改造或者修复，不求其保存完好无缺，但求其真实性，传递其原真性的全部信息是我们的职责。明确以"原真性"为原则，进行研究。在旧建筑改造中，不仅要保留建筑中"破坏性原真性"，因为它真实地记录了建筑与历史发生作用的过程，折射出不同时期的历史史实，保留不同年代的特殊记忆。在改造中还不能破坏在历史进程中留下积累的所谓"建设性原真性"，包括历史上的修补、加固、加建等等痕迹，这些都是建筑物质原真性的重要内容，也是对历史沉积层解读的重要依据。

（2）精神性原真性。生命延续性意识的强弱取决于社会被历史激发的程度。文物建筑和居住区形式对历史激发过程起到很大作用。原真性还包括旧建筑在与社会发展相互关系中而铭刻在人们情感中的精神作用印记，可以概括为精神性的原真性，表现为文化认同以及地域认同。将这些精神性的文脉线索加以保留与梳理，这样建筑空间中时空拼贴的叙事性就会更加吸引人，所反映的历史信息也就越来越多元。

六、统筹兼顾原则

（一）局部与整体的兼顾

正确处理局部和整体的关系、个体和群体关系是改造工作的重要原则。在改造中，应考虑到如何协调建筑功能的局部和整体的关系，确保功能上的合理性。功能上的合理性，不仅包括建筑单体的各个房间与整体功能的合理性，而且包括建筑单体与建筑群体之间甚至与整个区域的功能合理性。

对旧建筑进行功能的置换和重组时，不能够只考虑到局部功能的合理完整，而应当把其看作系统的一部分，对重复浪费的部分应加以合并规整，在使个体建筑功能更新的同时，又能使区域的整体构架得以优化。

处理好局部和整体的关系，其内容不仅表现在功能关系的调整上，而且表现在空间组合和建筑风格上。一座建筑本身的精彩，而是凭借它们非常巧妙的配置而形成的环境。个体之间通过形式、体型、材质、色彩之间的相互协调，呼应，变化与对比形成良好的总体效果。

另外，由于不同时代兴建的建筑，应当反映出其时代特点，同时又能体现文脉的继承性，与整体环境协调一致性。在建筑改造中，必须本着从整体环境出发，紧密结合群体空间构成和传统建筑形式风格的因素，在对整体的把握的基础上，体现自己的个性和特点。

建筑的改造与更新的最终目的是使整体更加系统和高效。因此，在改造工作中，不能只顺单体的效果，牺牲整体的利益，应当正确把握个体和群体关系，局部和整体的关系，从整体构架、功能关系、空间组织和文脉等方面统筹兼顾。

（二）结构安全与经济性兼顾

改造重在于充分合理地利用资源，充分利用原有设施，尽可能地避免资源的浪费，提高建筑设施的使用效率和寿命。结构的可行性是建筑改造是否可行的关键因素。

在改造工作中，对原有建筑和设施的充分利用，是基于建筑结构的安全的基础上的。必须保证改造后建筑首先是安全可靠的。建筑改造应当伴有严格的结构检验措施，并对建筑是否可以承受改造方案添加的结构负载作出审慎的计算，并且作出合理的结构补偿措施。

在解决了结构方面的问题之后，建筑改造成功的关键是评估该建筑是否可以在经济上存活。再利用后的旧建筑与被冻结保存的旧建筑之间存在着很大的差异：前者可以通过加入新的功能而产生"活"的经济行为，使历史与美学可以和现代经济并存。可以认为，经济上的生存力，是建筑改造再利用方式在现代市场经济社会中立足的最重要因素之一。

（三）历史性与现代性兼顾

城市的发展具有历史的延续性，建筑和环境是历史发展和变迁最好的物质体现。尊重历史是体现深厚文化性的本质特征。

建筑的改造与更新应尊重和保护历史文脉和传统风格，体现在对传统场所精神的保护和发展，这里所说的场所精神体现在：历史古迹与历史建筑、代表性建筑、重要的活动场所等等；除了以上具体的体形环境之外，场所精神还体现在社会生活方面：富有特色的文化活动、传统的节日、历史地名、街名、建筑名称等。重视历史文脉的保存和延续，它是长期积累下来的巨大财富，也是建筑环境艺术创作的重要源泉。

改造是一个新陈代谢的过程，不能消极地理解为简单维持原貌，而应该使整体增添生机和活力，注入时代的特征，体现一种动态的、延续的精神和再生的、共生的思想。对"改造"毫不妥协的传统保存方式虽然可以保存历史性建筑之全部，但也往往墨守成规，失去其存活弹性。

改造与更新之方式可以在不牺牲经济利益的情况下，利用各种设计手法，一方面对史实性做不同程度之呼应，另一方面也加入现代化之空间、材料等，使原有历史性建筑物中呈现新与旧的对话。特别是在一些具有历史传统的老区或历史价值较高的旧建筑的改造，处理好新与旧的关系显得尤为重要，往往是决定改造是否成功的关键因素。

这就要求我们首先对改造对象的空间特色、建筑的风格、以及所在区域的空间结构特点、整体环境特征有充分的了解。在改造中，应当注意其特定的结构依附关系，其特殊的意义不仅仅体现在建筑的外形上，而且体现在社会、文化、技术、美学的时代变迁上，以及空间的生长发展的过程和次序。

（四）分阶段有序原则

改造工作主要是由勘察评估、研究设计、拆除或结构加固施工等几个方面组成。建筑施工之前，对于整体工程事先的安排和计划是否周全和有序，将直接影响其人力、物力及其时间的控制，并最终影响工期、成本、品质等改造的最终效果。

第三节　建筑空间构成元素在更新设计中的运用

一、点元素的运用

点元素是建筑空间构成元素中的基本元素之一，因此点元素的应用需要结合科学和技巧特性。在建筑设计过程中将点元素作为基本设计元素进行相应地丰富及扩充，使其与其他元素相结合运用从而形成新元素。

在建筑设计中运用了建筑空间的点元素之后，通过不同空间内的点元素的作用发挥，使之形成线、面、立体元素等，从而使点元素的作用得到了质的提升和发挥。不同点元素间的结合会产生不同的作用，可以实现空间静态、动态的灵活改变，使点元素具有了更灵活性的体现。因此在进行建筑设计过程中可以运用一定的技巧实现点元素灵动性作用的发挥，使空间设计具有空间节奏性和灵动性。

二、线元素的应用

在建筑设计过程中通过对上述点元素的应用可以使之构成线元素，线元素具有了更大的活力特点，其可以实现与点元素和面元素相连通的作用。在具体设计过程中，可以通过对线元素在其长度、宽度等方面的变化，构成新型面元素或者实现自身线元素的在方向和力量上的变化。

线元素在建筑设计中的应用可以营造出更加平和的建筑氛围，同时通过不同空间线元素的连接，可以实现不同空间的结合统一，增加其和谐特性。通过科学应用可以使线元素在不同空间内发挥出其差异特性，营造成不同的空间感。比如直线具有平和稳定特点，曲线富有性感和魅力，波纹具有更多的灵动，螺旋线对于建筑内楼梯的设计有着极大地美感体现等等。因此在建筑设计中运用线元素过程中，需要结合其科学特性，实现建筑空间的不同动态感。

三、面元素的应用

面元素在建筑设计中的应用需要考虑其强大的形状特性，将其体现在具体的建筑空间设计中，需要依据其形状特点进行不同空间的选择。比如规则型面元素具有了较强的秩序感，不规则面元素自带了特殊感，这就需要依据具体建筑物或建筑空间的使用特点进行相应地选择。

不同类型和特点的面元素可以呈现出不同的视觉冲击，利用其空间和平面上的变化实现不同效果的展现。同时通过不同面元素之间的对接还可产生新的视觉效果，结合颜色的运用，更会使线元素具备更加强烈的美感和视觉冲击力，凸显出建筑空间的个性化特点。

四、体元素的应用

体元素数量和形式众多，该元素与上述中提到的点元素、线元素、面元素有着极大的不同，这是在于其具有可触碰性，使人们具有更为直接的感官和触觉上的感受。在建筑空间中出现的体元素主要有圆柱体、长方体、圆锥体等。体元素在建筑设计中的应用自古就有，比如世界闻名的埃及金字塔就是运用了三角椎体，传输出了强大的气场和庄严感，使建筑具有了独特的表现力。

体元素在建筑空间内的体现可以遍布其各个环节和细节，比如建筑物整体、内部装修、各功能性部位等等都可以运用不同的体元素进行美观和触感的体现。体元素在建筑设计中的应用，仍然需要与建筑设计自身情况进行结合，比如对于艺术类建筑物的外观整体设计可以考虑运用不规则体元素进行体现，对于庄严性建筑物需要多运用一些规则型体元素，来表现其大气和庄严感。

五、质感元素的效果

现代建筑物对于质感的要求也越来越高，建筑设计中质感主要通过建筑空间所使用的材料进行展现，该元素同样属于建筑空间构成元素之一。新型建筑材料对于提升建筑空间质感效果有极大的促进作用，同时为人们实现不同质感需求提供了更大的选择空间。在建筑设计中选用的质感材料不一定非要以新型先进科技感为主，还可充分利用传统质感元素的庄重感与历史感结合新型质感元素的现代感等，实现不同建筑不同质感的展现。比如木质建筑材料具有古典美和质朴感；金属建筑材料具有光泽性和强烈的视觉感；大理石等质感元素更加光滑和明亮等等。依据不同建筑物特点以及不同建筑空间作用需求等科学合理地选用相应的质感元素可以更高的提升建筑的质感，使其具有一定程度上的功能性体现。

六、光元素的作用

光元素对于人们的视觉有着直接的冲击作用，可以直接影响人们的感受，在生活中处处有着光元素的体现。光本身就是光明和美好的代表，光的存在使人们看到了世界的多彩和美好。光元素同样是建筑空间构成元素之一，其在建筑设计中的应用，对于建筑空间带来的作用不容小觑。光元素在建筑空间中的体现是以特定形式进行展现的，空间是建筑的具体实质性表现，而光就如同空间的灵魂，光元素的应用，可以创造出建筑空间的自由感、轻松感以及温暖感受。光元素在建筑空间中的应用，通过与空间的结合，可以实现与空间的互动，将建筑空间的设计感通过光来进行展现。比如建筑空间的各部区域和功能可以通过光的强弱来进行区分，使建筑空间有了更为强烈的层次感。

第二章 旧建筑空间改造的技术性应对策略

第一节 旧建筑改造项目模式分类

一、基于建筑与城市面貌协调的改造项目模式

一切建筑都是地区的建筑，因为它总是在某一个具体的地区、城市、街道、邻里里建造的，它的所在环境，为新建筑的设计规定了特定条件，设计者宜就其自然历史、人文、技术等综合因素来创造它的建筑形式。这几乎是千百年来建筑发展的最为基本的原则。

一种建筑形式的出现，都会多多少少受到周围环境的影响，虽然近年来很多建筑表现出"去地域化"的特质，但是其根源仍然没有逃脱整个社会环境，社会环境又势必会表现在城市面貌之上。当然，我们在设计之中更多时候还是要和周边环境取得有机的联系，脱离周围环境的建筑，会丧失城市的土壤，不仅损伤自身的优点，也会破坏周边的环境。因此，建筑创作过程中，如何使得建筑与周边建筑产生有机的联系，并使之融为一体，成为设计需要解决的问题，旧建筑改造设计同样面临这样的问题。

协调的意思是和谐一致，配合得当，无数个建筑构成城市的物质基础，城市通过社会关系，文化关系，人际关系等等来反馈建筑的形式，建筑与城市需要配合得当，达到和谐一致的境界，共同发展。对于已经存在的城市，设计过程中必须尊重城市的现有风貌，彰显地域文化特色，旧建筑改造同样如此。协调是建筑设计的基本原则，旧建筑改造过程中不仅仅要使旧建筑和当下城市风貌相协调，还要追溯旧建筑的历史，使其与历史的发展相协调。因为社会生产力低下，科技文化传播速度慢等种种因素，旧建筑所处的时代

下，城市风貌往往表现的比较明显，带有明显的时代和地域特色，大量的旧建筑群往往会成为城市的代名词或成为城市某部分的标志。这种模式可以从两个方面来讨论，一方面是协调城市的外在风貌特征，另一方面是协调城市风貌的底层逻辑。无论哪一方面去协调城市的风貌，首先都需要深刻的理解旧建筑所处的城市背景，其社会，文化，地域等风格特征，通过对旧建筑周边环境进行综合调研，分析，总结，根据具体需要去遵循城市的秩序。

（一）协调城市外在风貌特征

旧建筑改造应对城市表现出的外在风貌特征，采用直接或间接的方式去协调城市的风貌特征。

旧建筑改造过程面对一些现状较好，或者比较有历史代表性的建筑的改造，或者区域城市风貌地域特色和历史特征时，在改造设计需要尊重旧建筑的表观属性，因其历史面貌已经符合城市的外在风貌，改建或者加建需要在体现城市外在风貌的前提下进行设计，这里可以借鉴历史主义的设计手法，其含义是借用过去的建筑风格和形式，形成新的组合，在这里可以理解为改造过程中保留旧建筑的风格和形式，延续城市风貌的发展，结合当下城市风貌，形成融合城市环境的改建或者加建。

（二）协调城市风貌的底层逻辑

旧建筑改造去发现城市风貌形成的底层逻辑，在这个逻辑体系中去协调城市的风貌，和城市产生某种更深层次的关联，超越形式，材料，结构等表观属性。城市内在风貌底层逻辑的协调多用于近年来的加建项目，科技的进步促进新材料，新结构形式的大力发展，这些因素因为更具有经济优势和体验舒适度而被广泛使用，在一定程度上完全代替了传统的建造方式和传统建筑形式，但是面对旧建筑的历史价值和文化价值以及出于对旧建筑的尊重和城市文脉的延续等因素出发，我们不能完全采用与旧建筑不符合的方式进行改造，这就需要我们去找到旧建筑基于城市风貌下的底层逻辑，在这样一个逻辑体系下去完成符合时代需求的改造。

首先，分析旧建筑的构成逻辑，然后用新的材料、新的语汇转译这种构成的逻辑，在改造中用新的形式取得与旧建筑环境的统一。

　　其次，通过构建过渡体，有机地建立新旧之间的桥梁，在新和旧之间增加一个媒介，一个转换空间，去体现逻辑的发展过程，从而取得协调统一。

二、基于建筑文脉传承的改造项目模式

　　文脉的传承就是文化价值观念的延续，就城市而言，其历史文化传统不仅体现在作为物质载体的建筑上，还表现在其文化内容上，包括价值观、思维模式、审美意识、文化素质等方面，一座城市的文脉由组成城市的自然、人工建造物、人以及人的行为活动等方方面面所蕴含的和表现出来的文化价值所构成。在改造过程中我们所要传承的就是旧建筑所蕴含的文脉，以及其多属于的建筑群，场所，城市的文脉，文脉不是一成不变，文脉随着时代，社会的发展在不断延伸，改造过程不是照抄照搬历史元素，要有选择的保留重要有代表性的文脉节点，在整体文脉的框架体系中去发展和延续建筑文脉。旧建筑是城市中不可或缺的有机部分，城市的文脉片段或多或少的反应到单体建筑之上；改造过程无论以什么样的手法形式去应对旧建筑，都需要在城市整体文脉下思考问题，去处理人与建筑的关系、建筑与城市的关系、城市与其文化背景之间的关系，巧妙的表达建筑的人文精神和历史文化价值，这样建筑文脉就会得到传承和表达。

　　对于建筑文脉可从两个方面考虑，一种是横向内在联系，一种是纵向历史联系，两个方面的关系形成了一座建筑的文脉体系，在传承建筑文脉模式下的旧建筑改造设计需要横向的同一时段，同一场所去比对不同建筑，以提取，延伸改造建筑的文脉要素，同时需要基于旧建筑本身去追溯不通时段建筑的文脉发展进程，截取文脉片段或整合深化建筑文脉。旧建筑改造设计中结合社会，文化，经济背景等因素对建筑形象进行恰如其分的表达来彰显建筑的文脉，同时通过建筑去表达和传承一种思想，一种文化态度，以此来实现建筑文脉的传承。这个过程要整合建筑的历史性和时代性，要求对旧建筑的历史给予准确的价值评估，在尊重历史价值的同时，加入时代性的语言来传承和延伸建筑文脉。

　　抽象继承，一方面是抽象，抽象相对于具象，就是进行旧建筑改造过

程中不能简单地抄袭旧建筑，不能一味的模仿或者直接复制旧建筑的历史形象，应该是把旧建筑文脉中经典的，精华的文脉节点和片段提取出来，经过抽象，提高，发展，演变成一种新的形式，却又"违而不犯，和而不同"，这种抽象是基于同一文脉语境下的继续创作，这就要求旧建筑改造设计过程中对旧建筑的历史背景，文化背景，风格特征、形体结构，场所环境以及城市环境进行综合考察，进而构建出旧建筑的文脉体系，从而基于这个体系进行再设计。另一方面是继承，继承就意味着不是凭空创造，是有根据的，是一种延续，同时也意味着传承，任何一个建筑都是处在当下却又连接着过去和未来，继承过去的优秀工艺，正确的结构形式，传统的材料，有地域特色的建筑形式，结合当下的功能需要，空间需求，为旧建筑创造新一轮的生命，这次新生是基于旧建筑上一次生命的土壤，是一种时间维度的整合。

三、基于旧建筑空间序列的改造项目模式

改造建筑相比于新建建筑限制条件更多，需要思考和协调的问题更加复杂，同时也意味着设计的来源更加真实更加丰富，旧建筑的历史文化属性，符合时代特性的空间序列，可以使改造后的建筑更具特色是历史的沧桑感。改造项目需要带入旧建筑的场景中进行思考，对旧建筑的区位、面积、高度、现状、空间属性等各方面进行细致的梳理分析，本节讨论的问题为旧建筑的空间序列，不同功能的建筑需要不同的空间序列，其空间节点也各不相同，改造过程中，需要在深入研究旧建筑空间特点，类型，属性和空间组合关系及连接方式的基础上，根据新的功能需求，构架新的空间序列，整合建筑室内外空间，形成完整顺畅的基于旧建筑空间序列改造而来的新空间序列，既保留旧建筑的韵味，又符合新的功能需求。

（一）点式空间序列

采用点式空间序列改造的旧建筑原型多为别墅、公寓，住宅等单层面积较小的，空间比较紧凑的单体建筑，改造时需充分利用空间，此类建筑多以垂直交通体系为主，可在竖向划分动静功能分区，公共空间，服务型空间位于低层，便于到达使用，同时，公共性空间应功能界定模糊，可根据场景进

行功能转化，功能性空间位于高层，以便拥有更好的私密性。

（二）线式空间序列

采用线式空间序列改造的旧建筑原型多为办公建筑、工业建筑等，单层面积较大，空间宽敞的单体建筑，改造后建筑空间多为重复性小空间，例如，办公楼、酒店等类型，改造时需要对功能分区进行合理排布，在各功能分区内合理安排流线，并分割空间，通过线性的交通体系进行，不同的功能区块之间需要设置过渡空间，形成空间节点，避免线性空间的单调。

（三）围合式空间序列

采用院落式空间序列改造的旧建筑原型多为合院式传统民居或布局类似合院的建筑群，对于单层面积较大的单体建筑则为中庭式空间序列改造。无论是旧建筑原有院落，还是改造时形成的中庭，院落空间，院落式的空间序列意味院落是明显的空间核心，通常通过它来组织交通流线，功能空间多围绕其布置。院落是中国人的传统空间形态，它在形式上自然而然的承担了公共空间的角色，近代高层建筑的兴起，院落在形式上转化为中庭，但本质上都是一致的，院落式空间序列的重点在与院落的打造和院落周边的功能空间配置。

（1）改善原有建筑的院落（中庭）。旧建筑的院落空间，尤其是多家共用的院落往往因为产权分割等多种因素导致院落成为堆放杂物的消极空间，或者院落空间利用单一就是简单的交通功能，没有起到公共性的交流作用。旧建筑的中庭空间，通常用来解决大进深建筑的采光，通风问题，功能单一，空间呆板，中庭的内立面往往也是简单的开窗用来采光，通风，长时间的使用过程，这类空间也会变得十分消极，内部脏乱差，甚至堆放垃圾，对于这些空间的改造，因为机械通风，人工照明等等技术的广泛应用，其原始的功能应该被成为开放性的，交流的公共空间所代替。旧建筑原有围合空间改造中需要在成为交通枢纽，视觉中心的同时尽可能的成为公共性空间。

（2）引入围合式空间。就建筑群而言，改造过程中可以通过加建等手段使之形成围合性的空间，就单层面积较大的建筑，例如大多数的工业建筑，其原始格局多为大跨度建筑，在改造成为民用建筑的时候，往往需要改善其通风采光条件，同时为了增加空间的丰富性，内外空间的交流性，引入中庭是理想的选择。引入围合式空间之后，建筑的中心明确，指向性提高，可以形成交通节点，视觉焦点，增加空间的丰富性。

（四）散布式空间序列

采用散布式空间序列改造的旧建筑原型多为村落、园林建筑等群体建筑，此类改造项目需要因地制宜，首先分析其原有建筑肌理，留其精华，去其糟粕，在梳理原有空间序列的基础上，置入新的功能分区，宜成组布置功能空间，按照地理位置进行动静分区，交通体系以水平交通为主，多为室外空间连接，也可通过连廊和院落连接，虽为散落式空间，也应该做到形散神聚，或成为若干空间组团，或为承接空间结构，或为纵横空间结构。

四、基于旧建筑空间结构的改造项目模式

空间和建筑是虚与实的关系，建筑是空间的载体，空间是建筑的内核。旧建筑改造的核心是空间的改造，旧建筑改造过程中不同的空间结构相适配的方式形成了多种空间层面的改造项目模式。旧建筑改造过程中空间再利用需要因地制宜，根据旧建筑原有空间结构和改造后建筑需要的空间结构来选择不同的改造项目模式。旧建筑空间改造可以分为两大类：第一类为改造前后建筑空间结构相似或相同，这意味着改造可以用最少的资源去完成，改造的重心可以从空间层面转移至其他层面，例如，空间结构为大空间的仓库和厂房改造为超市、展览馆、体育馆等空间结构仍为大空间的建筑。空间结构为小空间重复性的办公类建筑改造为酒店类空间结构仍为小空间重复性的建筑；第二类为改造前后建筑空间结构相反或无关联，这意味着改造需要重点的去解决改造前后的空间矛盾，例如，空间结构为高大、单一空间的粮仓改造为空间结构相对低小、复杂的酒店，或者超市改为医院等，这类改造项目需要设计者悉心巧妙的去解决空间层面的问题，使改造前后的建筑在空间上完美融合，创造出意想不到的空间效果。

（一）拆分旧空间

当旧建筑空间结构为垂直过高，水平过大，改造后新建筑空间结构为常

规尺度时，直接使用旧空间就会造成新空间的尺度失调，产生不舒适的空间感受。这种情况通常在改造工业建筑等空间结构为大空间的建筑时出现，将大空间建筑改造酒店客房或者办公建筑等空间结构为小空间建筑时，因为考虑使用者空间体验和面积功能等因素时，就需要将旧空间通过合理的方式拆分为若干面积和高度能够满足客房需求的新空间。

（二）重组旧空间

当旧建筑空间结构是小尺度，重复性空间，改造后新建筑空间结构部分或全部为大尺度空间时，需要将旧空间进行重组，可以有选择性的拆除原有墙体以及楼板，将若干小空间组合一个新的大空间，或将原有空间隔断拆除重新组合空间。这种情况通常出现在缺失公共属性空间，交通节点或者人流集散空间的旧建筑改造项目中，很多旧建筑空间分割均质化，功能极其明确，当下的建筑空间趋向模糊化，空间不再被分割为指向明确的单一空间，而是转变为多种功能混合的复合空间，尤其表现在公共空间上，因此，当改造项目中缺失中心公共空间时，通常会采用空间合并的模式构建出整个建筑的核心空间。

（三）转化旧空间

当新旧建筑空间结构大多数程度相匹配时，旧建筑空间改造需要进行空间转化使之与新建筑相适应，通常为新旧建筑空间结构为大尺度建筑之间互相转化，例如工业建筑改造为仓库，超市，展览馆等或新旧建筑空间结构为小尺度建筑之间转化，例如，居住建筑改造为办公建筑或酒店建筑，办公建筑改造为酒店建筑等。这种模型下，只需要将原有空间进行微调便可以适应新的建筑功能。改造设计时，需要在新旧功能置换时，利用巧妙的设计构思在最大程度上尊重旧建筑的空间和结构，营造出建筑的时间属性，同一地点，同一建筑，同一场景，不同时间，不同的空间体验，旧建筑所拥有的时间记忆会被展现的淋漓尽致，给改造后的建筑带来特别的空间体验。

（四）扩大旧空间

当旧建筑基础空间较之新空间面积需求不足时，可采用扩大旧空间的模式，这种模式适用于面积差值不大的改造设计，在原有空间基础上向建筑外部进行空间扩充，在最大程度上维持旧建筑的体量关系，采用玻璃，半透明等材质弱化扩建体量，或者延续建筑的体量关系，在同一形式语言下进行建筑空间的扩充，若旧建筑结构完好并有承载力冗余，可以在原结构基础上进行外挑，若旧建筑结构不足以承载增加的空间，需要将新结构与旧结构脱开。这种情况通常见于小型建筑的改造，往往扩大部分空间面积不大，例如居住建筑改造为小型民宿项目。

（五）植入新空间

旧建筑原有空间或局部扩充后不能满足新功能面积需求或新功能需要旧建筑体系之外的新空间时，改造设计需要在场地内植入新空间，用以满足改造功能的需求。根据场地的现有条件可将植入新空间模式分为以下几种情况：

（1）旧建筑场地内有剩余场地用于植入新空间。旧建筑场地在建筑之外仍有剩余场地用于建造新的空间，同时植入的新空间在空间序列上有助于旧空间序列的完善和优化时，改造设计时根据功能需求，在适当位置植入新空间。

（2）拆除旧建筑废旧部分，重建新空间。当单体旧建筑部分破损严重或曾经做过加建而埋没了原有建筑体量，群体建筑中部分单体破败或与整体不协调时，可以采用拆除不能利用或不协调的部分，根据旧建筑的形式逻辑和建造逻辑进行重建或加建新空间。

（3）旧建筑垂直加建新空间。旧建筑场地用地局促，同时新功能需求面积与旧建筑相差较大时，可以在竖向加建新空间，根据旧建筑结构现状选择直接加建，加固后加建，或独立结构。

（4）加建屋顶，转化室外空间。通过加建屋顶的形式将原有室外空间转化为室内空间或半室内空间，作为新功能的需求或为过渡空间。此种情况通常见于有围合庭院或天井的单体建筑或空间序列紧凑的群体建筑。

五、旧建筑功能层面的改造项目模式

功能是建筑的立身根本，是建筑存在的价值体现，很多旧建筑的死亡是功能死亡，不是物理寿命的到达，这也是旧建筑改造的重要因素之一，能否为旧建筑找到合适的新功能作为其新生的原动力，是改造设计中非常重要的环节。

（一）拓展旧功能

随着社会的进步，科技的的发展，旧建筑的原有功能可能会发生翻天覆地的变化，不在适应时代的需求，进而消失殆尽，被更先进、更现代化的功能所代替。也可能随着人们对旧功能的不断拓展而使旧建筑不断重生。建筑因为使用而获得存在的意义，因为使用而产生价值，我们改造旧建筑的目的就是让其能够继续得到使用，如果能延续旧建筑的使用功能，无疑是改造旧建筑最简洁的方式。

（二）置换旧功能

对于很多旧建筑而言，其被时代淘汰的原因很大程度上是因为功能的不适应，建筑的空间包容性往往很大，对于此类因功能不适应的旧建筑改造项目，置换新、旧功能是最普遍的手法，旧功能被新功能替换，给旧建筑带来一个全新的生命。建筑的功能是建筑能够成为建筑而不是构筑物的基础，因为其有使用功能而产生价值，改造中，用新功能置换旧功能时需要尽可能的尊重旧建筑的空间和结构形态。

（三）植入新功能

很多旧建筑的原始功能在一定程度上符合当下的需求，但是需要增加一些新功能以完善建筑经营和运转的需求，在增加新功能时，需要顺畅的与旧功能进行衔接，合理分配新旧功能的空间配比，做到新旧功能有机共生。旧建筑的功能应该是随着社会的发展不断进行增加才能使旧建筑的功能得到更新和延续。

六、旧建筑体量层面改造项目模式

建筑是人们为了满足自身生存发展所创造的空间环境，是人类改变自然重要手段。不同时代、不同生活方式的人们，都会从自己的生理需要、享乐需要、精神需要和发展需要出发，创造自己中意的建筑形式。

建筑形式往往可以反映出场所内社会的文化意识和人们的生活方式，同时，建筑体量是建筑形式的基础性表现，是建筑形式的宏观表现，建筑体量即建筑在空间上的体积，建筑体量的大小和形态对应着建筑内在的空间感受。在建筑的改造过程中，建筑体量经常会随着功能和性质的变化而调整，或拆除部分体量，或增加部分体量，或对现有体量进行重建整修等。

（一）清理冗余体量

建筑都是在某一地区，某个时间的特定社会环境下产生的，其旧有体量都是原功能的直接体现，长时间的发展之后，随着社会的发展，人们的生活习惯发生变化，人们会根据需要对建筑进行相应的循序渐进的改造，在经过各个时期，各个使用者的改造之后，建筑体量往往会变得杂乱无章，拥有各个时代的烙印，虽然每个时代相比于当下都是历史，但是历史是需要取舍的，这种类型的旧建筑往往是居住建筑类型。改造中，如果建筑的功能和使用性质发证变化，或者需要去挖掘建筑的原始面貌，就需要清除冗余的体量，对旧建筑的现有状态进行整理修复。在不损害旧建筑历史风貌的条件下对旧建筑的功能进行调整，在深入理解旧建筑体量的基础上，对不符合旧建筑本体的多余体量进行删减和调整，进而彰显旧建筑的原始面貌。

（二）增加建筑体量

目前市场经济的大环境下，大量的一般性旧建筑的改造多以改造为商业建筑为主，那么在环境、资金、空间特质和相关政策允许的条件下，最大化的使用面积意味着创造最多的利润。旧建筑改造过程中，通常会遇到旧建筑空间使用面积不足的情况，这时就需要设计者增加建筑的体量，同时，协调新建体量与原有体量和周边地形的关系，使之比例均衡，和谐共存。改造过程中，体量的组合方式千变万化，新建体量会对原有体量和场地产生效应，彼此之间形成一些特定的关系，这些特定的关系决定了新旧体量能否统一在一个形式逻辑下成为完整的有机体。下面从新旧体量关系上对增加建筑体量的模式进行分析讨论。

（1）新旧建筑体量对比。改造不是修复，不是简单的去还原一座旧建筑，是在尊重旧建筑，发扬旧建筑历史精髓的基础上，在当下的社会环境中去营造一个新功能的建筑形象。基于对比的关系增加建筑体量，是在统一的内在逻辑规则下，增设新体量使之与旧体量在形式上形成强烈对比，产生激烈碰撞，以此来形成视觉冲击力，空间感受的差异性体验，不一样的元素引进之后，会产生连续的波动，这种波动会持续性的蔓延到整个建筑，从而引发使用者心里的震荡，进而提高了旧建筑的识别性和趣味性。

（2）新体量附属旧体量。通常对有价值的旧建筑或者加建体量相比旧建筑体量很小的情况下，改造中会以旧建筑体量为主导因素，尽量突出旧建筑的位置，降低新体量对旧建筑产生的影响，这样可以在满足使用功能和空间的需求下，对旧建筑的历史面貌，周边的场所感得到最大程度的保护。为了维护旧建筑的体量，通常新体量采用玻璃等虚的材质尽量消隐体量，或者采用与旧建筑同样的材质，使之融合进旧体量中。

（3）新旧建筑体量趋同。当新旧建筑体量体积相仿时，或者新旧建筑体量形象趋同，新旧体量的重要性趋于一致，需要将新体量融合进旧建筑体系之中，是一种在旧建筑的体系之中进行再建造的形式，建筑在保留旧建筑历史文化基础上，通过新体量的增加继续去强化旧建筑的某些特质，使旧建筑的形象得到继续的延展，加深人们对旧建筑的理解和认知。

七、旧建筑立面层面的改造项目模式

旧建筑在长时间的风吹日晒之后其立面往往损毁严重，立面上原有的建筑装饰、材料和构件都会有不同程度的损坏，外立面的破损不仅会产生安全问题也会影响建筑的风貌，破坏城市的立面形象。

当旧建筑功能发生转变时，建筑立面是其功能的最直观的表达方式，精彩的立面设计能给使用者带来良好的第一印象。在进行旧建筑的改造设计时，需要设计者审视旧建筑的外观能否满足新功能的需求，同时符合当下大众的审美需求，如有必要时应对旧建筑的立面进行一定的更新改造。旧建筑见证着一个场所的社会变迁，反馈着地域的风土人情，这些背后的因素往往会在其立面留下珍贵的历史痕迹，旧建筑作为城市历史风貌的重要载体，延续旧建筑的使用寿命也是城市历史风貌的延续，而立面作为建筑与外界接触的直接媒介，其在城市风貌的构建中起着很重要的作用。

　　现代主义建筑席卷全球之后，世界各地的建筑正在趋于一致，千城一面的现象在各地上演，建筑的地域性和人文属性被无情的抹杀，那么对有价值的，能彰显地域特色旧建筑立面进行维护与还原，改造一般性旧建筑立面使其具有地域性，构建城市的地域风貌，彰显城市的特质便显得十分重要。

　　旧建筑最重要的特质是拥有时间的积淀，能够给使用者提供的特别的体验感受，旧建筑承载的场所历史，文化，风土人情是旧建筑能够提供的最好的体验，这种体验应该表现在建筑的全方面之中，而第一个应该体现的位置就是建筑的外立面。旧建筑是地域文化的物质载体，地域文化也成就了旧建筑的独特属性。因此，旧建筑的立面更新改造中，除了要满足配合建筑使用功能和空间需求外，还需要符合时代的审美需求，保存建筑中蕴含的有价值的历史信息，延续和构建建筑新时代的特色使其融合到旧的立面之中。

　　（一）原貌还原

　　基于现代主义建筑风行以前的各种使用功能的旧建筑，大多装饰繁杂，建造工艺精美，立面比例考究，具有明显的时代特征、美学价值、历史价值。这类旧建筑的立面包含时间的作用效果，其上可以反映出大量的社会、人文、科技等方面的历史信息，这些历史信息是人们了解历史、研究历史、崇敬历史的重要源泉，能够唤起人们内心文化和情感的认同。这些旧建筑的立面在城市的风貌中占有重要位置，同时在人们心中也有巨大的认同感，属于地标性建筑，虽然建造时间久远，加之使用中的破坏和胡乱的修缮，但是仍不能掩盖其流露出的浓厚的历史气息和地域属性，改建时其外部形象时需要采取比较谨慎的态度，一般采取依照原貌还原的模式，保留其为人们所熟知的，面貌精美的，保存相对完好的部分，修缮更新破损严重的部分，这种修缮需要在原有的逻辑体系下，在理解旧工艺的基础上对其进行还原。

　　在改造旧建筑过程中，对于很多有价值的旧建筑，甚至一些历史保护建筑，针对此类旧建筑的立面改造，应最小程度的减少旧立面的破坏，最大程度的恢复其历史面貌，尽可能的掌握原有建筑的详细设计图纸，包括构造细部、大样图纸以及结构施工图纸，在保留旧建筑立面构件、材料和痕迹等有价值的部分的基础上，根据旧有图纸或影响资料对破损严重部分进行修缮，最大限度还原其旧有面貌，将旧建筑的风貌和价值真实地延续下去。

（二）局部改造

旧建筑改造过程中因为建筑功能的改变，往往需要对其体量进行增加和删减，这就会在一定程度上改变其原始立面，有时为了表现当下的建筑技艺，或者造成视觉对比等效果，需要在旧立面中增加新的元素，对立面的局部进行改造，无论是新材料，新形式，新技艺的融入都需要在一个内在的逻辑中进行，这样可以形成一个有机延续的建筑立面，维护和延续旧建筑的生命并不代表着要丝毫不差地还原旧建筑原始样貌，在改造中可以适当为旧建筑添加新的元素，使其符合新的使用要求的审美要求。旧的元素系统作为新的元素系统的支撑，两者互为图底、对比反衬、并存共生，实现在强调历史实存的同时又不失时代特征，在还原历史表情的同时又展现出新与旧的历史延续性。

立面改造中新元素有多种存在方式，可以与旧元素产生一种对峙性的冲突，也可以从建筑符号、比例等方面与旧有元素取得协调统一的效果，也可以作为旧元素的补充和陪衬等。改造时应根据实际情况，通过用现代的设计理念对历史信息进行深层次解析，用高科技的手段和材料结合旧建筑保护设计，在新旧形式之间创造出和谐与平衡，赋予旧建筑新的生命。

（三）表皮整体更新

对于在城市中大量存在的一般性旧建筑，其立面的历史价值和美学价值很小，聊胜于无，特别是工业建筑和普通公共建筑，这类建筑的价值通常体现在区位，结构，空间等方面，其立面没有明确的价值属性，其立面往往简单，甚至不符合审美需求，还有一部分旧建筑虽然其立面具有历史和美学价值，但是其破损过于严重，也归类于立面价值不高，此类建筑再利用的自由度相比于重要历史建筑，其改造的空间大，发挥的可能性也更高。改造需要使新立面与周围环境相协调，满足新功能的使用要求，符合改造后的空间需求，同时要提高其立面的辨识度和审美价值，赋予建筑新的形象和个性。通常这类建筑改造采用表皮整体更新的模式，即抛弃旧建筑的外立面形象，用新的立面形象重新构建旧建筑的外部形态。具体操作可以分为两种方式，第一种方式，拆除旧立面，保留主体结构，在主体结构上重新铺设保温，防水等基础层次，然后铺设新的立面。第二种方式，用新的材料将旧建筑进行包裹，在修缮旧建筑立面基本问题如保温，防水等之后，在旧立面基础上重新铺设新立面。

第二节　旧建筑改造的空间重塑与融合

一、基于功能形态的空间重塑与融合

（一）空间流动平面的组织

空间设计的好与坏，其功能占据着很大的比例关系。面对旧建筑重塑的第一步便是组织空间流动的平面，在新建筑空间中调研分析当下人们的物质需求与旧建筑空间原有功能和结构，二者功能合理转换后空间才能具有持久的生命力。像柯布西耶所讲的一样，空间平面设计在旧建筑改造过程中存在着至高无上的地位，一切设计的开始来源于对平面空间的思考。一张平面所传递出的信息基于人们对新空间中基本使用功能、旧建筑历史文化的传承、空间形态的融合、人文情感与场所精神的重塑等目的，通过空间、结构、造型、材质、颜色、陈设、装饰等表现手法，在初期对平面的规划已经形成一定的模糊印象。旧建筑空间的重塑最终改变的是其空间功能组织，旧建筑空间自身的物质要素，历史文化等不会发生改变。简简单单的一张平面是一个设计案例的成功所在，如何做到一个合理的平面组织关系是值得思考的。在平面组织关系上既要考虑基本功能有哪些需求，还要考虑功能转换中其空间、结构的适宜性与融合性。在新建的建筑空间中移动性与便捷性相对要强一些，为后期出现的细小功能保留余地，像建筑一样其空间自身也是一个动态的发展过程。

（二）空间形态秩序的重构

旧建筑空间重塑为新的建筑空间第一步将整体的平面功能分区与动线合

理规划成功后，第二步将面对重构空间形态秩序，空间形态是人们最能直观感知到的，结合旧建筑原有的结构、造型等元素与新空间的基本属性、风格等相融合。这些元素不要直接拿过来做简单的拼凑，而是在此基础上加以创新，二者是一种互动、互融的状态。在设计手法中可以运用空间的造型、结构、色彩、陈设等要素重塑这些可感知的空间形态。创造出的新形态可以吸引空间的体验者，将旧建筑自有的特质取其精华去其糟粕的融合到新建筑空间形态设计中去，这样新的建筑空间便会出现自己的形态特质，并把这种历史文化循环传承下去。新的空间形态秩序在依附于旧建筑的基础上，寻求自身的识别度，可根据现场结构、柱点关系等融合新空间的主体概念，构建新的空间形态秩序。

二、基于场所人文的空间重塑与融合

（一）空间场所故事的阅读

在旧建筑重塑为新的空间中，满足人们当下对新空间属性的基本使用功能外，不能忽视空间中的场所故事，它标志着一个时代人们对该区域的形象场所特征。就像诺伯格·舒尔茨所讲的物体中存在着许多故事，承载着过去的历史，可作为历史的见证者。人们会在这个区域空间中感受到物质的精神特征，这些场所对人们的精神诉求是有必要的。在改造中寻找到场所精神给人们曾经带来的乐趣，在新的空间中将这些记忆性与价值观进行梳理，可以作为新空间的表达语言。场所这一概念相对还是可以落实到具体的物质中，人们可以在过去的旧建筑空间与新空间中发现视觉上的统一，所以我们在改造中尽量尊重场地，在新与旧的元素整合中形成和谐的调性，人们在空间中能感知美感体验，使场所故事在新的时空中继续发展下去。

（二）空间人文编码的解读

人的行为活动、人文情感、心理倾向等要素在建筑空间中所存在着。一座旧建筑空间记载的人文历史故事是非常多的，并且这些故事在社会的发展中正一步步走向消亡。人做为空间中的第一要素，空间同时记录着人们在这里的相关活动所产生的相关故事。旧建筑空间随着时间的变化，其空间中的各个部分都曾与人发生过情感故事，重塑旧建筑中的人文故事与场所精神将会带给体验者审美与心灵上的巨大冲击，所以旧建筑改造为新的空间，旧的人文故事是不可以丢掉的。设想我们的空间形态做的非常出众，也不如直接给体验者一个故事有吸引力。因此在旧建筑重塑为新的空间中，要充分挖掘旧建筑自身所存在的人文故事，体验者进入空间后会让他们联想到很多文化的记忆。这样做还有一个好处，那就是这个新空间可以完全区别于其他同类属性的空间，有着自己的文化符号。当下社会有很多人去旧货市场买一些旧的物件，其实他们一大部分人对旧物的人文故事存在兴趣的。就像现在城市中也会出现很多新的建筑，但是旧的建筑在人文故事方面还是存在很大的优势。这些旧建筑记录着人们的点点滴滴，在旧建筑中储存着人们的历史文化记忆，面对旧建筑空间中的一些物质元素要给予他们一定的人文故事，在此基础上总结出旧的人文历史故事与新的人文相结合，在融合新空间与旧建筑空间寻找到二者的关系，这样可将历史人文故事得以延续并发展下去。

三、基于陈设材料的空间重塑与融合

（一）空间陈设情趣的再塑

旧建筑改造重塑为新空间，完成前期的平面组织、形态重构、人文场所关系的融合，接下来我们可以考虑空间各大专项的表达。下面重点讲述其中的陈设、材料、色彩、灯光四个方面。

首先研究空间中的陈设，陈设作为空间中的点睛之笔，传递着空间氛围、风格等特色，同时可作为墙体界面与空间的过渡，丰富空间的层次。当然也可以补充上述空间中的不足之处，在新的空间中放置一件符合空间调性的陈设品，增强该空间的文化特质。在旧建筑改造中，陈设品首先体现新空间的属性，其次也要符合旧建筑空间的人文、历史、场所等方面的调性，通常在新空间中放置一些具有代表性的旧物件来做空间的陈设设计。常见在工厂空间改造设计中，对原有工厂机器的零部件进行梳理，在此基础上给予重组与创新，作为一次新旧元素的融合，一件带有充满情感色彩的陈设品诞生了，并且符合可持续发展的理论基础。旧的物件大部分是没有使用价值的，但是旧物件自身所散发出的历史文化价值、美学价值、情感故事价值是很高的，需要设计师们去挖掘与考究，使旧物件与新空间和谐的融合在一起。人们对每一个空间物质都存在自己对空间的认知，所以挖掘其这些旧物件的过程中，一定要考虑其旧物件的普遍性。一件旧物在梳理与创新后需要考虑陈设品的尺度、主题元素、主题风格等内容，最终找到人们在这件陈设品上的共鸣，这种共鸣为空间添光添彩，给体验者在空间体验中有一种超出预期并带有情感色彩的互动过程。

（二）空间陈设情趣的再塑

旧建筑改造重塑为新空间，完成前期的平面组织、形态重构、人文场所关系的融合，接下来我们可以考虑空间各大专项的表达。下面重点讲述其中的陈设、材料、色彩、灯光四个方面。首先研究空间中的陈设，陈设作为空间中的点睛之笔，传递着空间氛围、风格等特色，同时可作为墙体界面与空间的过渡，丰富空间的层次。当然也可以补充上述空间中的不足之处，在新的空间中放置一件符合空间调性的陈设品，增强该空间的文化特质。在旧建筑改造中，陈设品首先体现新空间的属性，其次也要符合旧建筑空间的人文、历史、场所等方面的调性，通常在新空间中放置一些具有代表性的旧物件来做空间的陈设设计。常见在工厂空间改造设计中，对原有工厂机器的零部件进行梳理，在此基础上给予重组与创新，作为一次新旧元素的融合，一件带有充满情感色彩的陈设品诞生了，并且符合可持续发展的理论基础。旧的物件大部分是没有使用价值的，但是旧物件自身所散发出的历史文化价值、美学价值、情感故事价值是很高的，需要设计师们去挖掘与考究，使旧物件与新空间和谐的融合在一起。人们对每一个空间物质都存在自己对空间的认知，所以挖掘其这些旧物件的过程中，一定要考虑其旧物件的普遍性。一件旧物在梳理与创新后需要考虑陈设品的尺度、主题元素、主题风格等内容，最终找到人们在这件陈设品上的共鸣，这种共鸣为空间添光添彩，给体验者在空间体验中有一种超出预期并带有情感色彩的互动过程。

（三）空间材料语言的聚焦

在空间硬装中人们最能感知到的便是界面的材料，因为它是物质存在的，人可以在空间中看的见摸的着。材料的选择会给空间带来新的审美与联想，但前提是材料要与空间的属性合理结合，满足人们基本物质需求的前提下，更要注重空间对人产生的精神需求。在旧建筑空间重塑为新的建筑空间中设计者要挖掘旧建筑空间中的原有材料特质，哪些是可以与新的空间属性相匹配的，哪些是需要传递人文情感或场所故事的，基本明确这些之后设计者还要结合新的材料对旧建筑空间中废弃的材料，给予替换或者与旧材料相融合。在原有材料与新的材料相融合后会在视觉上产生一定的对比，散发出独特的美感，更会让人们走在空间中有一定的时空联想。新旧材料的融合拓宽了设计者们的思路，为下一步的空间设计打下坚实基础。旧建筑重塑的新空间，对新旧材料的平衡取舍是个很大的问题，旧空间中原有材料的情况复杂多变，针对破损的材料我们可以给予加固，利用原有的界面材质将这种空间美感继续发展下去；严重破损无法修补的我们可以直接替换掉，新的材料可以给予旧材料的保护作用，同时还与旧的材料发生对话。新材料选择上尽量在当地的基础上选择，符合当地的地域文脉，这种新旧材料共存的方式更能给予体验者不一样的审美体验，处理不合理就会出现新旧之间的矛盾，提倡这种新旧融合的处理方式，使之在空间中形成连贯的整体，对新空间的形成更具视觉与感知的体验。

四、基于色彩光影的空间重塑与融合

（一）空间色彩特质的渲染

旧建筑重塑为新的建筑空间色彩这一视觉元素，通过光的作用能给人的心理感知是非常强悍的。设计者们普遍运用色彩去渲染空间氛围，毕竟色彩是很经济实惠的一种表现专项，并且是直观的。结合旧建筑不同时期所产生的色彩属性，可为体验者传递出不同的心理感受。确定了新的建筑空间的调性或者说是风格，综合考虑旧建筑将要传递出的信息，最终明确颜色的选择是设计者必备的基本素质。旧建筑空间中的色彩是相对单一的，在社会的发展变化下色彩是向多元化发展的，在单一的旧建筑空间中置入符合功能调性的色彩，可为旧空间增加无限活力。旧建筑空间中会有一些旧的物件或者墙体存在，它们本身有着不同的颜色，比如旧墙体原有的那种破旧的颜色与当下设计者植入的新颜色形成一种对话，二者的相互融合已成为空间设计的一种表现手法。旧建筑改造满足人们的物质需求外，更重要的是满足人们的精神需求。形式上的色彩设计所传递出的性格、情感已经上升到一个更高的层面。

（二）空间光影灵魂的诠释

旧建筑改造中的灯光设计与色彩是相互关联的，没有光线的出现就没有色彩的氛围融合。叔本华所述的光线是空间中的点睛之笔，空间属性与氛围的营造者。空间中的各个专项都离不开灯光的塑造，比如材质、造型、结构、色彩、装饰、陈设等。旧建筑改造要延续旧的空间元素和新的空间元素相融合，但是在融合之后难免会出现相对僵硬的部分，这时我们需要灯光的灵魂来完善二者融合的界线，给予一定的模糊性，让空间更加的协调与统一。同样像上面讲述的色彩一样，灯光也可以传递出情感，比如中性光、暖性光、冷性光，不同的光影效果给人的感受也是不一样的。旧建筑改造过程中，要充分表现光的功能性与艺术性，因为受旧建筑时代的影响，旧空间中光照的条件是有限的。新建筑空间的功能与形式调性确定了，灯光做最后的协调，但是更要追求人们精神层面的诉求，那么在新的空间特殊区域结合当下的功能做一些灯光的艺术处理，比如常见的在休闲空间的公用区域做灯光装置，给予体验者更丰富的空间体验。这种休闲空间灯光体验可以运用自然光也可以运用人工照明，重点在于对旧建筑的场地理解。处理光影设计中，需要强调光影的虚实变化，光如果作为虚的存在，那么影就可以作为实的存在，虚与实的结合、光与影的融合、旧建筑空间与新建筑空间的匹配呈现出无限的视觉对比与活力。为体验者创造别具一格的空间体验。

第三节 旧建筑结构体系与改造技术

一、旧建筑的结构体系

（一）建筑常用的结构形式

建筑常用的结构形式包括：砌体、砖混结构，框架（钢筋混凝土）结构，钢结构。

1.砌体、砖混结构

（1）砌体结构。砌体结构是指用砖砌体、石砌体或砌块砌体建造的结构，又称砖石结构，一般民用和工业建筑的墙、柱和基础都可采用砌体结构。

砌体结构的适用领域：住宅、办公楼等民用建筑中广泛采用砌体承重。所建房屋层数增加，5~6层高的房屋，采用以砖砌体承重的混合结构非常普遍，不少城市建到7~8层。在工业厂房建筑中，通常用砌体砌筑围墙；中、小型厂房和多层轻工业厂房，以及影剧院、食堂、仓库等建筑的非主承重结构。

砌体结构的优点主要表现在：①由于砖是最小的标准化构件，对施工场地和施工技术要求低，可砌成各种形状的墙体，各地都可生产；②砌体结构具有很好的耐久性、化学稳定性和大气稳定性；③可节省水泥、钢材和木材，不需模板，造价较低；④施工技术与施工设备简单。⑤砖的隔音和保温隔热性要优于混凝土和其他墙体材料，因而在住宅建设中运用得最为普遍。

砌体结构的缺点：①墙体时间较长容易产生裂缝，这种结构是最简单也最常见，造价也最低廉的，采用墙体和楼板承重；②整体性很差，最突出的致命缺点就是不抗震。

改造砌体结构应注意：单独砌体墙体多为装饰墙隔断墙体，较容易改造拆除，对建筑整体安全影响不大，若加以修整加固便可利用。

（2）砖混结构。砖混结构是指建筑物中竖向承重结构的墙、柱等采用砖或者砌块砌筑，横向承重的梁、楼板、屋面板等采用钢筋混凝土结构。砖混结构是混合结构的一种，是采用砖墙来承重，钢筋混凝土梁柱板等构件构成的混合结构体系，适合开间进深较小、房间面积小、多层或低层的建筑、对于承重墙体不能改动。

砖混结构的适用领域：平面布局有规律的住宅、旅馆、低层办公楼等小开间的建筑。

砖混结构的特点：砖混结构的住宅承重结构是楼板和墙体，所以砖混结构在做建筑设计时，楼高不能超过6层。

改造砖混结构应注意：框架结构因为多数墙体不承重，所以改造起来比较简单，敲掉墙体就可以了，而砖混结构中很多墙体是承重结构，不经过结构加固处理是不允许拆除的，只能在少数非承重墙体上做文章。通常墙体厚度在240mm的墙体是承重的，120mm或者更薄的墙体是非承重的，但有时为了和梁或者承重墙齐平，非承重墙也会做到240mm的厚度。

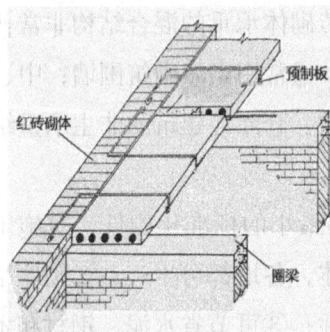

图1 砖混结构示意图　　　**图2 砖混结构建筑**

2.框架（钢筋混凝土）结构

框架（钢筋混凝土）结构是指主要承重构件包括梁、板、柱全部采用钢筋混凝土结构，由梁和柱以刚接或者铰接相连接而成构成承重体系的结构，即由梁和柱组成框架共同抵抗适用过程中出现的水平荷载和竖向荷载。采用结构的房屋墙体不承重，仅起到围护和分隔作用。

框架（钢筋混凝土）结构的适合领域：公共建筑、工业建筑和高层住宅。

框架（钢筋混凝土）结构的优点：①空间分隔灵活，自重轻，有利于抗震，节省材料；②具有可以较灵活地配合建筑平面布置的优点，利于安排需要较大空间的建筑结构；③框架结构的梁、柱构件易于标准化、定型化，便于采用装配整体式结构，以缩短施工工期；④采用现浇混凝土框架时，结构的整体性、刚度较好，设计处理好也能达到较好的抗震效果。

框架（钢筋混凝土）结构的缺点：①框架节点应力集中显著；②框架结构的侧向刚度小，属柔性结构框架，在强烈地震作用下，结构所产生水平位移较大，易造成严重的非结构性破坏；③钢材和水泥用量较大，构件的总数量多，吊装次数多，施工受季节、环境影响较大。

改造框架（钢筋混凝土）结构应注意：框架结构因为多数墙体不承重，改造起来比较简单，敲掉想要改造的墙体就可以了。

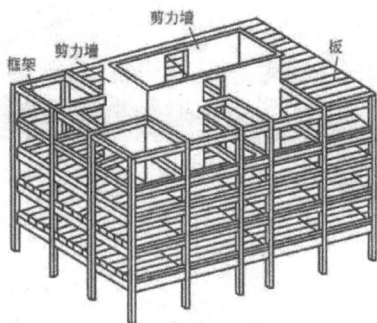

图3 框架结构示意图　　图4 框架结构建筑

3.钢结构

钢结构建筑是以建筑钢材构成承重结构的建筑，通常由型钢和钢板制成的梁、柱、桁架等构件构成承重结构，其与屋面、楼面和墙面等围护结构，共同组成整植的建筑物。

钢结构的适合领域：主要用于大型公共建筑、工业建筑、超高层建筑

钢结构的优点：①钢结构住宅比传统建筑能更好的满足建筑上大开间灵活分隔的要求，并可通过减少柱的截面面积和使用轻质墙板，提高面积使用率，户内有效使用面积提高约6%；②节能效果好，墙体采用轻型节能标准

化的C型钢、方钢、夹芯板，保温性能好，抗震度好；③将钢结构体系用于住宅建筑可充分发挥钢结构的延性好、塑性变形能力强，具有优良的抗震抗风性能，大大提高了住宅的安全可靠性。尤其在遭遇地震、台风灾害的情况下，钢结构能够避免建筑物的倒塌性破坏。

钢结构的缺点：①钢结构工程中的质量问题；②钢结构易腐蚀；③钢结构耐热不耐火；④钢结构的断裂问题；⑤钢结构成本较高。

改造钢结构应注意：看建筑钢结构原始图，结构检查原先钢结构质量及安全性，及时进行加固维修，不随意拆减钢结构，只对填充墙体进行改造。

图5　钢结构建筑

（二）旧建筑改造常用的结构体系

1.轻质结构体系

结构轻型化思想在当代建筑设计中有着普遍的体现，在当下，许多轻薄的做法被用来表现建筑形式上的"不确定性"。建筑概念上的"轻"，主要体现为材料的轻质化、构件的轻薄化及结构体系的轻型化。

在建筑空间改造中，轻的思想主要体现在作为新增的或置换的结构实体，为了尽量追求在形态与荷载上的极少与极轻，采用轻薄化的材料、构件与体系。可以说，"轻"在建筑改造中既是一种需要，也是一种追求，或者说是一种现代特征的表达。这样做一方面可以保证新增荷载尽量小，对既有建筑结构的破坏性小；另一方面，采用轻薄构件也有利于对结构的新旧部分做区分表达。在施工方面讲，轻型化的结构大都采用干作业施工，安装快捷便利。

2.吊挂体系

从某种意义上说，吊挂的结构形式可以体现一定的"反重力"概念。悬吊及悬臂结构，在构件的设计上多采用拉杆。受拉构件的形式相对于受压构件的形式来讲，看起来更加纤细与轻盈的，受拉结构，甚至是受拉结构的形式都得到广泛的推崇。在内空间改造中，作为填充的结构的形式若采用吊挂的形式，发挥杆件的抗拉性能，可形成"悬浮"的空间概念。这种方式使填充结构和既有楼地面并无接触，可以保证原本室内空间的连续性及完整性不受破坏。当然，这种形式对既有结构的承受力要求较高。

在历史性建筑的展览空间改造中，此法运用最多。通过吊挂的结构体系介入一个盒子，可以做到与原有建筑结构及空间介面的最小化接触，建筑师常以此来区别新旧元素、新旧空间。在德国哈利莫兹堡艺术博物馆翻建与扩建案例中，两个装置性的盒子被吊挂在新增的异形的钢屋架上，在内部空间看来是"悬浮"的盒子。"悬浮"的盒子体现的是一种时空的差异性。不仅是空间维度的脱离，也代表新旧部分在时间维度上的差异—代表现在与未来的新装置"空降"到一个历史的场所中，刻意造成时不同时空的对话。

3.棚式结构体系

棚式结构在建筑空间改造中，主要是用于对高大的共享空间进行限定。桑斯柏瑞视觉艺术中心正是这种概念的代表作品，该中心没有固定的用途，可以看成是一个"提供各类服务的棚架"，内部只有空旷的楼层、墙面及屋顶，遮蔽着所有让该建筑发挥功能的设备，棚式结构因其可以提供一个适应多种功能的大空间而受到推崇。

如今，在许多旧建筑改造中，迫切面临的问题是大空间—公共性的、服务性空间的实现。无数的改造案例中，将建筑的院落空间改造为中庭，将室外空间以构筑棚架的形式，形成与既有建筑紧邻的大厅空间。可以说，棚式结构体系的使用代表着一类扩建类型。

4.阶梯结构体系

阶梯结构体系一般是借助阶梯面来组织功能空间—如休闲空间、茶座空间等，阶梯和坡道的设置还可结合空间进行观演功能的布置。

介入空间中的阶梯或坡道通常是一个独立的结构体系，通常不需要对现有结构进行破坏和介入，所以施工也较为方便。如创盟国际（Archi-UnionArchitects）的改造项目—位于上海某艺术区内的AU办公及展览用房改造项目中，新空间的架设通过一段缓缓的木结构坡道及其上的两个"帐篷"形状隔间的形式进行实现。这像一个大型的装置性的家具，放置在了原有大库房空间的一端。空间完成了进一步的划分，但是原有空间的开敞性和尺度并没有因此而受到破坏。

5.装配式的结构整体

装配式的结构整体是指针对既有结构下的空间改造要求，填充的结构作为一个整体的、装配式的结构整体，"安装"到现有的空间中。

装配式的结构整体具有很强的灵活性与可生长性，可根据实际空间的大小、形状完成自身组装，因而在内部空间改造中有着广泛的运用。这种思想要求填充结构应具有形式上和结构上的双重整体性，并且便于与既有结构组装。装配式结构体系通常为干法施工，施工速度快，便于组织。这种思想之下，原有的建筑空间和新设计的元素之间彼此独立。新增的"装置"不会过多地改变既有空间的结构或空间视线范围内的大小，因为它们起的作用很小。

（三）基于结构体系的空间改造模式

1.空间整合

空间整合是指对既有建筑中相邻的两个或多个空间进行合并，成为一个大空间。既有建筑中的小开间布局，并不适合当下的空间设计潮流，所以对空间的整合，不仅仅是房间使用功能的要求，也是对空间品质的提升。从空间维度上进行分类，可以将空间整合分为竖向空间整合以及水平向空间整合两类，这两类在建筑改造的实践中都经常遇到。空间的整合多数情况下要牵扯到竖向结构的拆除，对空间进行整合对既有建筑结构的破坏性较大，花费也较高。

（1）竖向空间整合。竖向贯通空间体现的是一个集中的"虚空"与周围空间的关系。现代建筑以来，庭院的功能和形态在建筑师的设计中有着更加多样的体现，其位置、尺度、界面形式、内外属性、开放程度等因素决定着庭院空间的功能和形态。用中庭来组织空间序列、丰富空间关系是设计师最为常见的手段。因此，庭院的引入也是建筑空间改造的经典手法。

（2）横向空间整合。在当代建筑功能空间的多样化趋势之下，功能模块的实现逐渐打破以"房间"为单元的定式，在很多情况下，功能模块的实现是以种"不确定"的边界去划分，由"功能房间"的概念逐渐转变为"功能区域"的概念，进而创造开敞的、灵活的、复合的功能空间布局方式。这种新的功能空间的概念需要在大空间中实现。大空间常与"开放性""包容性""共享性"这些词汇联系在起。而待改造的传统建筑的结构布置，往往是羁绊建筑师实现大空间的主要因素。在改扩建的实际操作中，顶层空间的结构限制因素较少，所以，大空间的布置尽可能地选择在顶层实现。

2.空间填充

空间填充是指在既有空间中介入新的楼层或界面，形成新空间相对于既有空间的嵌套或扩充。进行填充的空间类型为至关重要的因素。在城市角度，运用填充的理论对建筑的置入进行解释时，作为被填充对象的地块的尺度、比例、形状等因素是制约填充操作的最为重要的因素。

将填充概念落实到建筑内部空间的改扩建中时，除了上述的形式相关因素外，建构意义上的结构、材料因素也至关重要。

二、旧建筑的改造技术

（一）旧建筑改造技术的特性

旧建筑改造中技术选择与技术应用的主要目的是为了满足旧建筑在新环境中的各种需求，而旧建筑改造自身特征使得旧建筑改造技术具有了一定的特殊性：

第一，技术因素的关联性。旧建筑改造的过程不是一个从无到有的过程，其往往是新旧技术体系组成的一个新整体，其中新旧技术体系之间必然相互作用，相互影响，通过新旧体系共同作用以满足新的使用上的要求。

第二，技术选择的适宜性。在旧建筑改造过程中必然会产生诸多限定条件，旧建筑改造中的问题也不能完全依靠新技术解决，在旧建筑改造中的技术选择不仅要考虑技术方案的合理性，同时要考虑新、旧技术在社会价值和文化属性上的表达。传统技术与当代技术在旧建筑改造中同样重要。在进行技术选择时，应根据具体条件进行判定，而不应片面地考虑其是否"先进"。

第三，技术整体效能的最大化。整体效能的提高是旧建筑改造的首要目标，作为实现手段的技术策略，一方面强调适宜性技术的选择，另一方面强调新旧技术的融合，即通过当代技术提升原有技术元素的性能，同时通过对原有技术的借鉴以实现文化价值和社会价值的延续性。

（二）旧建筑改造技术的逻辑特征

第一，合理性逻辑。合理性是当代技术选择和技术运用的重要特征，技术的合理性逻辑反映在结构体系效能的整体发挥以及材料力学属性的完美体现上。旧建筑改造中的合理性逻辑主要表现在：加建体系构件受力和材料表达的合理性；新、旧技术整体体系受力的合理性；新旧体系之间连接的合理性。技术的合理性不仅是旧建筑安全性的保障，同时也是旧建筑时代性和历史性表达的基础。

第二，真实性逻辑。真实性逻辑是技术理性的直接反映，它要求在结构选择和材料的运用过程中，应充分体现材料的力学属性和时代特征，反对虚假的、无意义的技术运用。旧建筑改造中的真实性逻辑要求充分保护和利用既有建筑的技术因素，采用可识别的技术对旧建筑进行加建和改建，反对以虚假的技术来表现建筑的历史特征。

第三，装饰性逻辑。技术自身就具有装饰性功能，而在旧建筑中原有的技术元素，如斑驳的墙面、锈蚀的铁件等，作为固有的装饰元素，能够产生很强的历史感和场所感。一些旧建筑中的原有构件，本身就具有较高的历史价值和文物价值，这些元素在旧建筑改造的实践中应得到充分保留，发挥其装饰作用，提升既有建筑的整体价值。同时在旧工业建筑改造再利用的过程中，对于某些工业元素，可以充分利用其原有的粗犷的工业风格，演化为新建筑中某种特殊的装饰或背景。这种技术性装饰在新空间中创造了场所归属感，赋予了空间的历史性特征。

第四，生态化逻辑。当代能源危机、环境破坏等一系列问题已逐渐显露，生态问题逐渐为人们所重视，运用技术手段来解决生态问题，已经成为当代建筑设计中的一个重要潮流。当代旧建筑改造观已逐渐与可持续发展观并轨，生态技术的运用也受到越来越多的重视，并成为未来适应性改造的一个重要的发展方向。遵从生态化逻辑，延长既有建筑的生命周期，整体降低既有建筑能耗已成为旧建筑改造的重要课题。

（三）旧建筑改造技术的具体运用

一幢完整的建筑是由支撑体系、围护体系和构造节点组成的，下面从这三方面对旧建筑改造技术的运用进行分析：

1.在支撑体系中的运用

（1）结构共生。结构共生是指在原有的旧建筑结构体系中，为了满足新功能和空间需求而插入相对独立的新结构体系。新旧结构体系共同作用以保证整个建筑的安全性。新结构体系的力学传递路线相对独立并较为清晰，与原有结构体系的连接较少。以德国汉堡梅地亚中心为例，在原有两建筑中加建一条带顶的走廊。加建部分采用钢结构，以实现对原有部分的最少扰动，两大结构体系连接节点采用铰接方式，即仅在原有墙体上埋设钢板，作为加建部分的横向支撑，加建结构的荷载受力通过自身的体系进行传递，实现了两个结构体系的共生。

（2）结构置换。结构置换是指在原有旧建筑中，原结构体系不能满足新功能和安全性要求。因此，将原有结构体系进行置换，以新结构体系代替旧结构体系，其包括局部置换和整体置换两种方式：

局部置换是指用新结构替换原结构体系中的局部，新旧结构组成新的结构体系，新旧体系联系较为紧密，力学传递路线相互关联，成为一个整体的受力模型。如法国巴黎马瑞尔斯表演馆的改建工程，在改建过程中以轻钢屋面替代了原有的屋面，轻钢屋面的形态按照原有的屋面形态进行设计，屋架的支撑则落在了原有建筑的墙体上，其力学传递路线为：屋面荷载、新建轻钢屋架、原有墙面、基础。在该工程中，新旧结构体系共同作用以保障建筑的安全性和稳固性。

整体置换是指在旧建筑改造过程中，某一部分结构整体不能满足功能和安全性要求，而将其置换成相对独立的新结构体系。整体置换中新结构体系受力相对独立，但是在施工过程中其与原有结构体系联系较为紧密，共同承担建筑的整体安全性。如法国巴黎的玻璃屋改造工程，原有部分房屋无法满足使用要求，根据改建的需要，原有部分结构体系被取消，代以新的钢结构体系，加建中间部分的结构受力由钢结构自身传递，而加建边缘部分的受力则由原砖混结构墙体承担，力学传递路线较为复杂，新体系包含在原有体系之中。

2.在围护体系中的运用

（1）围护体系的同构。围护体系中同构手法的运用，重点考虑了新旧建筑形式的连贯性，通常表现为运用新材料在围护体系中对原有建筑符号的再现。围护体系的同构分为同质同构和异质同构：同质同构是指加建部分的材质尽量与原有建筑一致，采用当代工艺和技术进行加建；异质同构是指围护体系中采用不同材料进行加建，加建部分往往借鉴原有体系中的材质或色彩特征，以实现新旧部分的统一。异质同构得以实现，与现代社会材料和技术的飞速发展密不可分。建筑师可以大胆地采用现代材料，构成古代的形制，给人以异曲同工之感。如德国圣玛丽教堂改建项目中，教堂内加入一个四层船型容器，赋予图书室、会议室等新功能，整个容器借鉴船的造型，采用相对独立的轻钢结构体系，围护体系采用处理过的木材，新的围护体系在色彩、质感上与原有体系协调一致。

（2）围护体系的异构。在目前的旧建筑改造潮流中，异质异构手法表现的比较突出，它凸显了新旧建筑之间的时空差异性，强调一种张力十足的冲突美。现代新材料与通明性的结合，充满了超时代的未来感，而旧建筑往往表现为稳重而历史感十足，新旧建筑在同样的环境中处于一种动态的平衡，表达出建筑的连续性和历史性。

（3）原围护体系的消隐。消隐是指运用新的材料创造新的围护体系，从而将原有的围护体系包裹起来。原有建筑形象消隐在新的围护体系中，赋予旧建筑新的时代特征。

3.在构造节点中的运用

（1）清晰反映构造逻辑的做法。构造逻辑的节点是指符合力学原则，强化受力特征和力学传递的节点。一幢建筑物的力学模型为超静定的稳定结构，构件之间的连接大多为固接和铰接，而工业化时代的节点设计以钢结构的节点为代表。钢结构构造节点的直接展示，也成为当代旧建筑改造中最为直接的技术表现手段。

（2）清晰反映建造逻辑的做法。建造逻辑的构造节点是指暴露和强调连接构件，表现明晰的建造装配过程。由于受到现场条件的制约，当代旧建筑的许多构件是由工厂制造，现场进行装配，所以，节点的设计首先体现了建造过程。当代工业化装配技术往往遵循先结构、后围合，先主干、后附件的建造程序，在节点设计中可以强调它们之间的层次关系，使建造过程在最终的形式上得到表达。

在当代，技术因素越来越多地影响到旧建筑的改造过程，一个优秀的旧建筑改造策略不仅仅是视觉艺术和技术的完美组合，同时还应蕴含社会价值、历史价值和文化价值。在我们的设计中，不应片面强调技术的物质属性，而应该综合考虑各种因素，通过适宜性的技术表达实现旧建筑改造整体价值的最大化。

第四节　旧建筑改造工程的项目管理

一、旧建筑改造工程进度的目标体系

进度目标体系包含是什么、如何做，也就是制定进度目标，如何制定进度目标。依靠国内外研究结论以及已成型的研究工具来确定完成分解节点时间、组织人力物力资源配备等一系列内容。

（一）旧建筑改造工程进度管理目的及原则

（1）管理目的。一是建筑工程一旦因交付工期的延误，施工方可能链而走险以牺牲工程安全、工程质量为代价，来加快施工进度，这给施工安全及质量形成极大隐患；二是不能按期交付对于建设方、施工方等都将带来损失。特别对于旧建筑改造，本身利用原有旧建筑的意义在于节省经济价格，如果没有行之有效的进度管理，导致旧建筑改造工程不能按时完工的话，经济造价的节省便无从谈起。因此，进度管理在施工过程中具有重要的意义和作用。

（2）管理原则。追求合同期限内完成建设工程不能以损害工程质量为前提，旧建筑改造工程重大节点完成时间难以全面把控，施工进度计划如果不进行管理，就会给建设方留下可操作的灰色空间，极有可能造成工程质量的损害。

（二）旧建筑改造项目工作分解与计划编写

旧建筑改造项目工作基本可以分为四步：第一步为项目基本分析阶段，第二步为施工前准备阶段，第三步为项目施工阶段，第四步为项目移交阶段。将每个步骤中小子项目分解出来，按照工程经验对子项目进行进度计划分析，就可以大致编写出旧建筑改造项目进度计划。

1.项目基本分析阶段

对于旧建筑改造，项目前基本分析比新建建筑重要性更加明显，旧建筑改造不能通过过往的旧经验旧模式就可以在空地上新起建筑，每个旧建筑的属性都不相同，是一事一议的典型改造模式，调查分析项目信息，包括但不限于该建筑产权所有人、建筑原有设计、建筑结构、建筑面积、建筑消防、节能保温状态等，摸清建筑具体情况后，还要与甲方沟通，具体了解甲方要求，建筑改造后的用途，建筑设计要求，工期要求，资金要求等，对于旧建筑改造项目的工期进度安排及后期工期调整都有重要作用。

（1）施工进度目标的分解。施工进度目标可分解为不同的进度分目标，而各个进度分目标又可细分为多个层次，从而构建一个进度目标系统。下面采用WBS方法对项目进行任务分解，在分解的过程中，也是对项目进度的一次整体细化思量，将项目内容划分为有序、可连续的流程，有利于项目的进度管理。

根据上述各种进度系统进行施工进度目标分解，分解的类型有：①按施工阶段分解，突出控制节点。根据工程项目的特点，把整个施工分解为基础、结构、土建、装修四个施工段，以网络计划图中表示这些施工阶段起止的里程碑事件作为控制节点，明确提出若干个阶段目标。这种方法也是最常用的工程项目分解方法，多采用网络计划技术来帮助完成项目分解任务，在国际上，网络计划技术有：关键线路法（CPM），网络计划评审技术（PERT），如甘特图，就是现在较为常用的表现任务分解图示。②按施工单位分解，明确分部目标。一般来说，一个项目有多个单位参与。在总进度计划的基础上，确定各单位的目标，分别实现分部目标，确保项目总体目标的实现。主要包括四方、施工方、勘察设计、施工方、监理方。下面主要研究施工方的进度控制。③按专业工种分解，确定交接日期。不同的现场施工工序由不同的工种完成，确定相连接的工序之间的交接日期，就可以将整个工程进行分解。④按建设工期及进度目标，将施工总进度计划分解成年、季、月进度计划。进度管理者根据各阶段的目标或工程量，逐月、逐季地向责任单位提出工程形象进度要求并监督其实施、检查其完成情况、督促采取有效措施赶上进度。关键日期法就是按照年、季、月划分工程任务的表现形式，也称为里程碑计划，它是将每个月或季中的重大事件或有里程碑式意义的事件用形象的图表表示出来。

（2）计划项目改造时间。通过一系列的分析研究，加上现行可用的项目改造理论及研究工具，将改造项目任务分解之后，就可以按照分解的任务来计划项目改造所需要的时间，项目改造所需时间又不仅仅单纯依靠分解的子工程来估算，还有实际情况，比如资金是否到位、改造是否会因为项目产权的模糊造成纠纷从而影响项目进度、组织人力、机械等是否到位等等来大概估算项目的持续时间，认真合理的估算项目时间，将会为项目将来的进度提供可遵循的保障。

估算项目进度计划时间，多采用定量法，先固定出分解的基础工程，在依据类似工程的活动、资源消耗量标准来将估算的项目改造时间趋近于正确，估算项目改造时间时。但改造项目有其特殊性，它与新建建筑不同，不同的子工程都可能会出现估算建设时间时未曾考虑到的问题，所以应该设定一个旧建筑改造项目的弹性系数，弹性系数估算的越准确，改造项目的工期计算的越精准。在此后，组织理论、经验丰富的技术人员、技术专家根据三点时间法估算出任务所用时间。

2.施工前准备阶段

施工前准备是使得项目开工建设之后能够正常运转的必要保障手段，新建建筑可以凭经验，按照图纸设计计算出前期施工所需的钢筋材料等，旧建筑需要认真的现场勘查，对原有建筑材料的精准计算，可以实现旧建筑材料的合理化再利用，不仅有利于实现旧建筑改造的节省费用的要求，也可以更少的占用施工场地。施工前准备包括但不限于设计方的准备、建设方的准备、施工方的准备等。也包括建设资金、设计图纸、建设场地的清理、钢筋加工棚的建设等。施工前准备包括技术准备、材料准备、施工现场准备、外部环境准备等。

（1）技术准备。①一般性准备工作，包括图纸审阅，组织培训学习加深对图纸理解等工作；②计测量、检试验器具配置计划。

（2）施工组织设计可行性分析。施工组织设计中最重要的部分就是进度计划，研究施工组织设计中项目的信息及人力物资资源的保障，是为了保证进度计划的顺利实施。工程概况描述的越详细，后期制定施工进度计划旧会越有针对性，前所有手续是否完备，资金、工人、机械等施工前期的准备是否充分，工期安排是否合理等。具体程序为：①检查施工前手续是否齐全，包括招投标手续，改造的旧建筑产权是否清晰，规划许可，设计等；②施工组织设计是否编写过关，商务预算旧建筑改造需要的资金、人员等是否到位；③仔细计算计划中工期安排是否合理，施工计划优化，施工过程中，很多过程可以进行组合优化，不同施工步骤存在可以同时施工的现象，也可以交替交叉施工，有利于缩短工期计划，大大提前工程完工时间。

（3）材料准备。项目部在选择钢筋、模板、商品混凝土、砌块等大宗材料供货厂家时除考虑其产品质量和供货能力外，应尽量选择项目周边地区的生产厂家，充分利用当地已有生产能力和运输力量。特别是商品混凝土应尽量选取周边的搅拌站，缩短运距。除商品混凝土外，其余大宗材料应提前通知供货厂家备货，大宗材料应尽量选择夜间进场，进场后直接运至堆料场地。

（4）施工现场准备。施工现场准备事项包括施工用水计划、施工用电计划、临时设施计划、施工道路及围挡计划、现场通讯设备计划等，施工现场临水、临电、临建设施准备均按整个场区考虑。

1）施工用水计划。施工现场如混凝土浇筑、机械台班等用水需求量极大，特别是要注意施工现场的安全性及消防用水考虑，所以施工现场的准备首先需要考虑施工用水计划。施工用水计划包括临时用水水源确定，临时用水设计、现场用水量的计算。临时用水设计包括给水设计、排水设计。给水设计包括室内生产和消防给水系统、室内生产和消防给水系统、生活用水给水系统。现场用水量计算包括施工用水量、施工机械用水量、施工现场生活用水量、现场办公、生活用水量、消防用水量、总用水量、施工及消防用水泵选择、水箱容积。消防用水量根据《建设工程施工现场消防安全技术规范》（GB50720—2011）要求，按火灾同时发生一次考虑。根据《建设工程施工现场消防安全技术规范》（GB50720—2011）要求，取管径数值。现场办公、生活用水考虑供水干管管径是否满足要求。现场施工用水考虑供水干管管径是否满足要求。根据以上计算，选择消防水泵扬程水箱容积由于是临时消防系统，水箱容积按30分钟室内消防用水量考虑。

2）施工用电计划。现场机械、生产用电满足需求与否直接影响到工程工期计划，所以在施工准备工作中应充分考虑施工用电计划，施工用电计划包括现场施工用电需求负荷计算和变压器选择、办公生活区用电需求负荷计算和变压器选择。

3）生产、生活、公共卫生临时设施计划。施工前充分考虑到临时设施的规格及数量，如果临建设施未准备到位，就会影响施工工期，特别是临时设施的使用时间，可以充分为施工现场空出场地，对于施工场地较小的工程来讲，是有效控制工期的手段之一。

4）临时围墙及施工道路计划。主要包括施工现场围挡和大门规格的确定，施工主道路、临时道路长宽的确定。

5）现场通讯配备。畅通的现代化通讯设施是保证施工生产顺利进行的重要保证，根据现场施工平面布置及施工现场管理要求，计划在现场布置有线电话，保证与甲方及监理的密切联系。项目部总计要配备计算机通过INTERNET和局域网相连接，并建立属于项目自己内部微信或者钉钉群，基本实行现场无纸化办公。

3.项目施工阶段

施工阶段是整个建设项目用时最长的一个阶段，项目所有的效益及施工工期的长短，很大程度上取决于施工阶段的计划及实施是否合理规范。施工阶段包括测量工程、钎探工程、垫层工程、地下防水工程、回填土工程、钢筋工程、模板工程、混凝土工程、砌筑工程、脚手架工程、屋面工程、装饰装修工程、建筑给水、排水及采暖工程、建筑电气工程、智能建筑工程、消防工程（含通风）、电梯工程等。

对于旧建筑改造项目来说，一般不包含新建建筑的所有施工工程，但施工阶段的合理安排比新建建筑更为精密，新建建筑需要建筑所涵盖的所有工种，一旦出现外部环境影响项目施工，如雷雨天气，便可安排室内施工，交叉施工使得新建建筑很少造成大面积的窝工现象，旧建筑改造可能只需要一个或者几个工种施工，如果遇到雷雨天气等无法施工的因素影响，就会严重影响工期，所以，旧建筑改造项目的施工阶段，需要更加合理的安排，综合考虑多方面影响因素，合理安排项目施工阶段。

4.项目移交阶段

项目移交阶段是整个项目的最后阶段，项目通过建设方、监理方与监管部门的验收后，就可以完全交付使用。项目移交阶段的进度受项目建设阶段影响，如果项目施工资料齐全，移交阶段影响项目工期概率相对较低。

二、旧建筑改造工程进度的影响因素

（一）外部环境因素

（1）自然因素。工程施工不可避免的要受到天气环境因素的制约，阴雨天气户外施工必然不利于户外施工，如果强行施工就会导致工程质量不达标，季节因素也是施工过程中影响工期不得不考虑的一个重要因素。

（2）社会因素。与新建建筑设计符合当时流行的设计与环保标准不同，旧建筑改造需要将旧建筑完全融入到当前社会与当下环境中，改造项目不是一个从零建设的过程，它要综合以前旧建筑建造的年代去考虑，当下社会规定的建筑法、施工标准，要与旧建筑完美结合，社会因素成为影响旧建筑改造项目的重要因素之一。

（3）其他因素。产权明晰是旧建筑改造的一个重要考虑因素，很多旧建筑存在各种纠纷问题，如果施工阶段出现纠纷阻拦施工现象，就容易造成窝工损失。

（二）项目自身因素

项目自身是影响项目进度管理的直接因素，也是最主要的原因。对于工程，其自身的影响因素大体分为方案、合同、施工和付款四大因素，下面将从这四个因素来分析旧建筑改造工程的影响进度因素。

（1）方案因素。方案因素是改造工程施工过程最大的影响因素，方案在整个建设活动中起指导性作用，一切的施工活动均需按照方案进行，才能有条不紊。特别是施工组织设计的制定，更是重中之重，直接影响项目的进度。

（2）合同因素。建设项目合同包括多种方的合同，下面以建设方与施工方合同为研究内容，是建设方与施工方双方约定各自职责权利的重要保障手段，合同内约定工程交付日期及延误工期的惩罚措施，是旧建筑改造按期施工的保障手段，合同也是双方进度管理的重要依据。

（3）施工因素。施工工艺的选择，能不能采用国际最新工艺、最新技术，资源的调配，各施工工序完成前后的交接。施工场地的准备等都是施工因素表现形式。

（4）资金因素。资金的状况是影响工程的进度的重要因素之一。资金的到位与按工程进度拨付进度直接影响工期的进度。

（三）项目利益相关方因素

对旧建筑改造工程进行进度管理，最为关键的相关方是甲方和施工单位，在旧建筑改造的各个阶段，应保证不造成伤亡等事故，在约定质量、成本范围内完成改造工作，这是建设方关心的核心利益；施工方的核心利益是按约定进度获取工程款，只有双方核心利益得到保证时，工程才会按工期计划进行施工。

三、旧建筑改造工程进度的计划管理

（1）计划目标分解。对于旧建筑改造工程，在确定建设方总的施工计划后，可以将总计划分为不同的分部计划目标，通过分部计划，突出控制的重点，如加保温板工程、屋面防水工程等，对分部计划目标进行阶段性控制，可以有效的对总工期进行监控。

（2）落实施工条件。根据进度网络图，下一个工作开始的充要条件是它全部的紧前工作都完成，施工进度计划的逐步推进的过程就是不断地为紧后工作提供开始条件的过程。

（3）组织资源供应。按施工组织计划投入施工所需的人、财和物等施工资源，保证物资供应的顺畅，以使计划顺利实施。

（4）进行计划交底。按照图纸及建设方要求，将详细施工计划对各分包单位进行讲解，使之明白各自职责及工序进度要求。

（5）跟踪检查实际进度并对计划调整和控制。①在进度计划实施的过程中，施工方根据现场进度情况与施工计划相比较，在工期进度有偏差的情况下，分析影响进度原因，对影响因素进行纠正消除，使满足工期要求。②工程进度控制系统。进度控制系统分为进度报告和进度跟踪两部分。进度控制系统主要由四部分组成：项目进度计划、项目实际进度的检查与确定、进度偏差分析、评价与调整。

四、旧建筑改造工程进度的管理流程

（一）一般建筑建造与旧建筑改造流程比较

旧建筑改造工程进度管理流程比一般建筑管理流程更加复杂，其主要体现在以下两点：

（1）旧建筑需要改造的内容及任务不确定，有的需要加固有的不需要加固，有的需要防水有的不需要防水，这就需要建设单位及设计单位进行现场勘察，根据旧建筑所表现出来的不同状态进行改造。

（2）一般建筑工期按年计算，通常为二到三年，到旧建筑改造项目不同，通常工期要求较短，普遍以月计算整体工期，这需要更加详细的工期计划。

（二）旧建筑改造工程进度控制系统分类

想要提高进度控制系统对项目实际进度的影响，可以从两个方面入手，一是提高信息反馈速度，二是加强跟踪纠偏。

1.进度信息反馈报告制度

对旧建筑改造项目来讲，因为其改造工期时间较短，一般工期为几个月，对改造项目来讲，各项信息的反馈及时程度尤为重要，例如加固墙面工程可能只需要几天的时间，加固项目过程中产生进度延误，如果该信息经过层层审批，上报到项目管理者时，时效性会大大降低，所以项目管理组织架构越长，进度管理信息反馈报告制度及时性就会越差，为提高信息反馈速率，各组织部门可以使用钉钉等软件实现信息反馈的时效性。

2.跟踪进度纠偏制度

信息及时反馈后，最重要的对反馈的信息进行分析，总结影响进度原因，得出消除影响进度的有效办法，较为常用的跟踪纠偏措施是挣值法，通过项目进度-成本之间的关系来进行项目进度的偏离纠正。

挣值管理法主要有四种情况：①进度超前，成本超支比较进度和成本的相对情况，确定加快进度或者缓慢工期；②进度超前，成本节余在工期最短与成本最低间寻求最优；③进度滞后，成本超支加快进度，减少成本，使项目如期完工，不超支；④进度滞后，成本节余同的情况。

挣值管理的四个指标：①项目成本差异；②项目进度差异；③进度绩效指数；④成本绩效指数。

但对于旧建筑改造来讲，项目施工阶段与新建项目有很大不同，并非是从基础开挖到主体结构封顶在进行室内外装修这一系列流程，通过挣值管理改造项目进度比挣值理论管理新建项目进度有两大不同点，这种不同点也是挣值管理理论在旧建筑改造项目中的缺点：一是改造项目改造持续时间短，对项目进度及成本数据采集的速率精敏度要比新建建筑更高，速度慢上一两天就可能给项目造成工期上难以纠正的进度偏差；二是对已完成工作的度量程度，新建建筑根据图纸，很容易得出已完成工作的进度情况，比如20层建筑结构，在完成10层主体结构之后，主体结构子项目完成率就是50%，但是改造项目则不然，设计基础加固20根柱子，实际施工时发现，只有10根柱子需要加固，其他无加固需求，则作业实际完成率为100%，并非50%，正因为这两项缺点，使得挣值管理理论在旧建筑改造项目应用中难以取得应有的管理效果，如果在每一个工作子目标上用挣值管理理论进行进度-成本管控，而并非在整个改造项目中使用挣值管理理论，使得子项目相互之间影响更少，最终得出进度-成本管控最优值，可以称之为下沉式挣值管理。

第三章　旧建筑空间改造及其更新利用

第一节　建筑空间改造的"新旧"共生设计

一、"新旧"与"共生"的界定

（一）"新旧"的界定

老建筑由在不同时期建造的建筑构成的，而建筑空间也见证了岁月的变迁，历史的发展，文中提到的"新"与"旧"是一个相对的概念，是相对于建筑空间存在的时间而言，论文中对老建筑空间改造中的"新"与"旧"的解读是基于建筑空间改造中新旧共生为研究对象的视角出发：

"旧"是指事物陈旧，过时，与"新"相对。表示一种有异于"新"质的状态和性质。在建筑空间中，从物质层面上看，"旧"指老建筑空间中存在的一定时期的事物或建筑元素，一些功能已不再适应现代的使用功能要求，旧空间环境有待调整；从人文的视角老建筑空间因岁月变化，自身沉淀了深厚的文化表达要素，但所处的时代不同，形成文化观念、审美情趣以及对精神质量方面要求的提高，旧有空间环境所携带的文化氛围与现代社会文化价值观念相去甚远，造成建筑空间的"旧"化。

"新"指初始的、即时的，与"旧"相对。表示一种有异于旧质的状态和性质。在建筑空间改造中，"新"主要体现在两个方面：一方面，对改造空间未改造之前处于设想的状态。此时形态处于一种设计媒介之上，可作出相应的调整改变。另一方面，空间改造完成后，使用者对其空间的了解、体验及评价，从新的视野、新的方向、新的方式来认识过去的"旧"，从而使得空间参与者能够准确地在旧空间内开拓出新的意义。

从建筑空间改造来看，"新"空间的存在形态与"旧"空间固有形态是相辅相生，旧化形态对新化形态的塑造会产生制约阻碍，而新化状态在建筑空间中会对旧化形态起到一个即时传递过程的作用。"旧物"向"新物"转化的过程从某一方面来讲是"新"对"旧"转化一个积极吸收的过程，新物应尊重和保护旧物，旧物的转化也应适应新物的需求。对于"新旧"关系的理解与价值取舍判断方面，我们更加期待的是，即使空间不处于同一时空之中，仍希望旧的变化、再生促使新的特质得以完美呈现。

（二）"共生"的界定

"共生"一词来源于希腊语。从生物学的角度解释为两种生物以相互依存、相互共融的方式而共同生活并存在，同时通过相互之间的依赖和与关联并通过"窃取"的方式获得适宜利益的一种生产现象。由此可以看出，共生在生物体的合理存在条件中所起的重要性，在对建筑空间改造中，如何处理新旧共生主要从影响其区域范畴划分的学科理论作为"空间新旧共生"的研究基石。共生不是生硬刻板的表面符号存在，而是一种生长、蜕变演化与矛盾均衡化的秩序共存。

（三）"新旧"和"共生"

此处探讨的"新旧"共生是指老建筑空间改造中"新生状态与新生性质"和"旧化状态与旧化性质"之间的融合共存相互关联的模式。"共生"在老建筑空间改造中不是新生对旧化状态性质的简单延伸，而是吸收了旧化的质、旧化的内涵、旧化的要素，从而对旧化的改进、提高、优化、发展的一种"新旧共生论。"

生物学对物之间的共生形式划分了六种模式，在建筑空间改造具体实践操作中可以作为一种理念来指导如何处理"新旧"之间的共生关系，新物之间也可以相互"寄生、互利共生等"，同时在对待如何处理新旧共生设计表达方法方面也提供了一个可以借鉴的参照体系。

在基于共生理论背景下对当今建筑空间改造中"新旧"进行共生模式框架建构，并对最重要问题进行直接探讨，在建筑空间改造中，新旧之间之所以能在建筑空间环境中相处融洽，从而促使空间以一种良性循环的方式不断向前发展，根源来自"新旧共生。"主要体现在如下几个方面：

1. "新旧"空间的共生

最初物体改造最主要的特色是"新生旧死"，对于建筑来说，空间才是建筑改造的"主角"，改造是对建筑空间的再创造，人们在对建筑空间改造就是重新构建新的空间形态、空间模式。此处探讨的空间改造是构架于共生模式基础上的"新旧"空间关联关系，并向基于共生基础之上的旧质与新质之间建立某种内在的逻辑同一关系方向发展。因此，在建筑空间改造中，共生是新旧得以并置的首要条件，共生理论是建筑内部空间与外部空间改造所必须遵循的共同准则。

2. "新旧"文化的共生

老建筑由于经历了岁月的洗礼，其本身积累的沉淀的历史文化特质。其文化特质反应了时代精神的发展内涵要求，并以一种相对"静态"的形态依附于建筑空间内外，默默的记录着建筑生长的动态轨迹。现代文化的多元性决定了改造的建筑空间文化的复杂性，而对于空间中积淀的"旧文化"如何在新生空间中展示出来，同时当代文化如何以现代的生活方式去介入到旧文化中间去是空间改造需要考虑的。对既有的空间秩序作出调整与改变是基于空间传统文化与当今文化在时间和空间方面的差异性，果断的摒弃不合时宜的旧质文化，敢于接纳新文化的活跃元素，从而在整体上构建改造空间文化的共生模式。共生强调的是建筑文化特质的延续与再利用，同时旧质文化特质为改造后出现的新内涵提供了最直接的文化元素。

在建筑空间改造中，对于空间中代表文化性质的构成元素等一般都会采取新的要素给予重组与补充。尽管采用新的元素可能会产生鲜明的差异感，但仍与旧有元素之间形成很好的共存模式，究其原因，在于老建筑本身的文化特性与共生思想。

二、建筑空间改造中"新旧"共生的价值

（一）延续历史文脉

文化文脉的存在是一座建筑空间存在的精髓所在，历史文化与文脉各

异的建筑空间丰富了一座城市的意识形态特性。建筑空间中的文化文脉沉淀的深浅折射出一座城市存在时间的长与短。文化是多样的，建筑与空间的生长过程或多或少留下积淀历史文化与文脉的烙印，并形成建筑环境系统特有的动态文化特性。历史文化的发展经历了由简单到复杂、自我不断完善的一个过程，历史文化的发展与建筑空间的兴衰有着不可分割的联系。历史文脉是老建筑空间物质文化和精神文化的载体，是空间内在元素，是空间灵魂所在，是生活在其中的人们的信仰理念、风俗习惯、艺术观念和价值取向等最直接的体现。

社会发展所提倡的可持续发展理念和文化记忆传承在客观上要求在老建筑空间改造中对历史文脉的进行保护和延续。是当今建筑空间改造中新旧共生设计理念重要的一点，如果空间改造在对历史文脉新旧关系处理不妥会直接影响其他要素之间的共生，这样新旧之间的文脉就产生不完整性，失去宝贵的历史文化和文脉，老建筑空间改造就失去了自己的灵魂。历史文脉是老建筑空间改造中最应作为本质珍惜的东西，是新旧共生的精髓，必须融入新旧共生空间之中。老建筑空间改造"新旧"共生，不是历史文脉的简单传递，而是在改造过程中通过新生要素与旧化要素的共生来实现历史文脉脉络的修复与延续，继续传承空间文化特性。

（二）融合空间形态

建筑空间存在三要素：适用、美观、坚固。对建筑空间改造就是基于适用坚固的基础上节约成本达到美观的结果。而美观的建筑就必须其内部空间吸引人，令人振奋，在精神方面使我们感受到舒适和高尚的建筑。而对建筑空间进行改造是调整空间中各形态之间的新旧矛盾关系，改进新旧之间存在状态的必要手段。空间形态伴随空间生长过程的起起落落而存在，是空间内在价值转换的构成要素。

建筑空间改造不是简单的空间重置与功能转换，改造空间很大程度上是空间再生的过程，是对老建筑空间旧有要素的适应性有机更新再利用，是社会发展的客观条件决定的。新生空间形态很大程度上是对空间既有的形态要素一种补充，同时又是对旧形态要素的一种干预，如何在新旧空间形态之间最早最佳的匹配模式，是新旧空间形态之间达到一种相互渗透、交织、融合互为补充的存在状态的直接体现。

（三）营造人文情感

老建筑空间在经历岁月的洗礼后自身已形成深厚的情感氛围，承载许多的历史物质和精神情感价值的东西，并构成了现代人们在生活中追寻的曾经的失落与对记忆的怀念的情感一部分，老建筑是时代发展特征的见证，是历史岁月发展的产物。

现代人们由于生活环境的单一，同时人固有的恋旧情结与对事物的好奇心，都促使人们去寻找、去体验、去联想，并都融入老建筑空间中去。虽然每个人对待老建筑空间的体验想法不一，但每个人的出点发都是一样的，那就是这些老建筑空间中储藏着他们的历史记忆，他们需要通过体验与联想的方式去追寻和延续对空间的情感。因而老建筑空间对人文情感的营造有助于空间参与者对空间产生更强的凝聚力和认同感，使人们在对地方历史的追溯中体验自身存在。

人是建筑空间的主角，而具备情感的空间让人变成了人，塑造空间的情感其实就是塑造人的情感需求，挖掘空间曾经存在的人文情感保留人们共同的记忆空间。让人们逝去的记忆在新生的建筑空间中重新获得认知。

在老建筑空间改造中，应注重人在空间中的交往活动心理行为受到空间氛围的影响，人是空间情感营造的参与者和创造者，而老建筑空间改造中新旧共生设计就是为了人适应新的环境而存在的目的，人文情感的营造是老建筑空间改造的一种表达方式，是人与建筑空间相互作用、相互影响的结果。

（四）再生场所精神

每个空间都有自己独特的性格与特性，具有场所独有的空间气氛精神，反映了空间的生活方式与环境特征。改造空间就是改变场所的结构，而场所却比空间更能表达与人的关联关系。人对空间的某一强烈感受只有通过场所精神才能最终表达出来，人在空间中通过知觉与触觉来感受和体验空间精神所承载的全部内容。场所是我们存在的空间，是我们对空间具体化记忆的体验地。人们通过在空间场所中的体验来追寻空间中的情绪情感内容记忆，场所幻化为触景生情的源泉。老建筑空间中或多或少存在一些让人们值得怀念的东西，旧物会渲染空间场所氛围，会将人们的记忆与空间相连接，场所精神便发挥了作用，因为人们的情绪已经融入空间中。

从某种方面来说，老建筑空间是城市空间中最具震撼人心和视觉冲击力的时间作品，对建筑空间的改造是对空间场所精神情景的重塑。旧化建筑空间环境中蕴含着回忆与憧憬的因素，其真实存在的情景与身处其中的人们有了一种知觉的体验接触，同时，丰富的场景空间也给参与者意识形态上的一种暗示和联想。

在建筑空间改造中再生场所精神是为了"旧态"能够持续延续和延伸，空间的精神与人的意识、感觉之间能够联系起来，从而改造后的空间富有场所精神的语意。尊重改造的建筑空间，不只是尊重表面的视觉肌理和功能属性，更深层次来说，空间中的氛围与参与者之间的感知关系是空间改造后存在价值多少的评判标准。空间场所精神可以说就是空间的"魂"，而人通过与空间的互动过程中，通过场所精神所传达出的信息来接收改造后的空间所带给我们的场所精神全部内容，赋予空间新的精神活力。

三、建筑空间改造中"新旧"共生设计

（一）建筑空间改造中"新旧"共生空间

建筑空间改造的空间模式表达一般从改造后的新生空间与改造后保留下的旧态空间两个方面来对改造空间进行新的解读，在改造过程中新旧空间之间可采取多种设计手法来表述二者之间的关联关系，如新旧之间既要有共性又要有个性，共性是二者共生的必要条件，而个性却是保持空间共生活力的有效元素。

1.共生空间的"新"

建筑空间的改造不是"物体"简单的加法与减法的表达，空间一直处于不断生长的动态过程中，旧的会慢慢逝去，而新的会渐渐填满空间的角角落落。空间改造从某方面来说就是对空间的特性与意义的又一次解读，新生空间就是对旧物的吸收转化并持续创新的积极过程，用新质重新激活沉闷的旧

空间，新生在尊重和保护的基础上超越了旧质存在的价值与意义。

在建筑空间改造中，新生空间是以新的视野在新的时间中用新的问题去重新认识过去的旧体，让参与者在空间的"新"中找寻旧体的答案。新生空间对整体空间改造可以采用"顺从"与"迎击"的方式：

"顺从"是一种保护、一种延续、一种匹配。在改造中为了保持空间的完整与独立，最大化还原空间的特性，缩小新旧之间的界限模糊性，新生空间应采取两全其美的方式来实现空间改造新旧共生的延续。

"迎击"是一种创新、一种对比、一种更替。对待空间存在的价值我们需要给予大胆的判断与取舍，敢于对于旧质空间组织以新的解释，使得改造后的空间存在新旧两种不同的设计共生理念，而这需要在改造中对旧质空间进行刻意的、主观的分置，让新旧矛盾凸显，实现新生空间与整体空间的明显交接，从而达到共生的理想状态。

2.共生空间的"旧"

改造后的新介入的新生空间在一定程度上势必对旧有空间存在造成"威胁"，如何处理好改造后的留存下来的旧化空间，并采用何种方式与其身处不同时期的新生空间在共生模式下的完美对接，让新旧二者之间既有相同的交流话语，同时又保持各自空间形态与风格是空间改造重点关注的问题。旧质空间的存在为新生空间找到了一个沟通彼此的落脚点，旧质空间的传统性为新生空间提供独有的空间体验场所。旧孕育着新并为新的成长铺设了一条无障碍的途径，旧与新是一种"背靠背"的存在模式，只有一方孕育着一方，而另一方容纳着一方，新旧之间才形成共生共存的成长模式。

在建筑空间改造中对旧质的生存方式一般采用尊重与颠覆的模式。虽然改造后的新生空间是对原有空间的一种积极性创造活动，但如果想达到空间新旧共生的目标，新生空间在介入旧质空间的过程中须给予旧体应有的"尊重"与"保护"。尊重旧质的延续是空间保持场所精神氛围、积淀空间文化、延续历史文脉的保障，共生所强调的是新与旧之间以一种你中有我、我中有你的相互依附的条件下彼此保持各自的独立特性的关联模式。

在同一空间中，新与旧的存在状态只是空间创造过程中的某一片段、章节，二者之间为空间共生；实现空间新旧的共生，需对旧质进行改变，尊重不是百分百的顺从，相反应从"活的空间"视角对旧质空间进行大刀阔斧的改变和调整。在对旧质空间颠覆设计基础上应将改造后的旧质空间与新生空间在空间共生形成统一的关联模式，新旧要素之间虽然存在各自的构成特性，但更多的是保持对彼此的容纳与包含，形成共生表面的新旧并置现象同时促成内部相互交融的新旧片段共生的关系。

（二）建筑空间改造中新旧共生语言

在建筑空间改造中，新生要素与旧有要素的划分范围决定了空间采用构成方式来表达空间新旧的共生，对待空间改造中的共生构成主要元素应有明确清晰的了解与认识。

1.界面与表皮语言

界面是建筑空间形成的主要元素，是人们对空间视觉感受的第一落脚点，而依附于界面的表皮材料更是空间理性秩序与感性情感表达的最佳选择，因此界面的取舍在新旧共生设计中占有重要地位。此处界面指建筑空间的内外依附的表皮，外部空间中的界面具有很强的视觉空间渗透性，界面承载了人们对新生要素的态度反应。建筑外部空间界面的表情决定了新旧共生的空间环境的内涵意蕴。对于建筑内部空间的界面改造，并不需要像外表皮那样大动干戈的塑造，而是在经过岁月打磨的界面上寻找空间本身已存在的原始的、自然的、不可复制的旧化界面语言并作为表达旧化界面独特装饰价值的视觉形式。

旧化界面由于时间的缘故，其表面色彩俨然已呈现一种类似叙事性表达的故事画面，这为改造过程中新添加的家具和陈设物提供一个良好的背景。同时空间中其他主要建筑构件也构成了界面与功能完美的装饰物，如很多历史厂房由红砖、木材、石头组成的界面，因其略带沧桑的容颜，与新物之间却产生了一种融洽的场景。

2.家具与陈设语言

家具构成了空间的功能与形式，塑造了空间的环境与氛围，承载了空间功能性质与气氛营造的全部内容。家具因其在空间中占有重要地位，在其发展史上众多设计名家对其有过不同的评价与见解。在新生空间中介入旧家具既能体现空间的存在，又延续了旧空间的情感氛围，而在旧空间中植入新家具既满足了空间功能的需要，又增加了旧空间个性多样化，并改善了空间的氛围，为空间情感氛围塑造点燃了些许的"不和谐"。在空间改造中，新旧家具通过相互置换并出现在适宜的位置以多样组合为空间形式组合带来的多样性，新旧家具并置在空间新旧共生模式下扮演了不可或缺的角色。

相比家具硬生生的介入空间方式，陈设（品）是以仙女散花的艺术化方式与语意来讲述着空间的点滴，表达空间深一层面的思想品质。在空间中，家具以其功能性主导着空间的氛围，与此同时，陈设在构建空间新旧秩序方面也起到丰富空间功能、美学与情感价值的作用。家具因其构成特性在一定程度上与空间的过渡会出现些许的不足，而植入陈设（品）却起到了协调家具与空间的一致，并呼应了整体空间环境。陈设（品）不但使得空间功能和形式得到升华，同时自身的独特特性也为空间增添些许的装饰与趣味性，为建筑空间改造的新旧共生抹上了浓浓的一笔精彩。

（三）建筑空间改造中"新旧"共生模式

在建筑空间改造中，如何适宜的调整空间新旧之间的关联关系是评判空间共生表达成功与否的标准，在具体的设计实践中，如何确定空间新旧之间以何种共生模式而存在是设计表达探讨的重点。

1.统一与对比的表达

在改造的空间中，新生的要素与已有存在的旧要素之间往往存在明显的"隔阂"与"界限"。从改造后的整体空间环境出发，如何塑造整体的空间氛围和延续空间的场所情感是新旧共生需要认真对待的问题。新旧共生并置是基于保持各自的独立特性基础上，双方保持相互介入和转换的态度。如在空间界面的材料选择方面，新旧不同的两种材料组合在一起，通过材质属性的对比从而与整体环境取得协调。新旧的统一不是形式上的绝对统一，相反应是在空间形式下的相对对比，对比才能强化空间的吸引力和新鲜感，凸显空间的美感。新旧要素在对比的前提下相互渗透、相互植入对方内部，彼此消隐对方的界限从而使得二者之间的界限变得模糊形成小对比与大统一的空间环境。

2.整合与匹配的表达

在建筑空间改造中，新旧要素之间各自保持着相对独立的存在模式，在新旧空间、新旧形态、新旧氛围等方面具备了独具一格的个性特质。另外，新旧要素通过统一并置的方式，相互之间彼此渗透、新旧更替、相互匹配，以一种延续空间整体意识为目的的共融关系而存在。

在众多建筑空间改造中新旧之间存在多种相互关联的设计表达手法，通过何种方法将建筑空间改造中存在的多种复杂关系以适宜的手法表达空间新旧共生的最佳结果，需要借助整合的设计手法。

在建筑空间改造中，整合就是将空间中已存在的零零散散的旧物与新生的断断续续的要素，以某种连接的方式实现在空间整体环境中的共生，并通过在实现共生的过程中充当协调新旧要素之间矛盾的角色，从而激发改造空间中潜在的活力与生机。在对空间新旧之间的整合过程中，新旧之间由于客观存在的矛盾特质，必然要求设计者为二者找寻最佳的兼容途径，以保证新生要素对旧有要素的续接，旧有要素对新生要素的吸纳。

针对新旧在空间中的"生存状态"，可以采用新旧空间相互匹配的模式来促使新旧空间在改造后获得理想的共生场所，通过空间的新旧匹配，模糊了新旧空间之间的"硬性界限"，诠释了新旧空间之间更深层面的场所故事与景象意识，从而使得空间具备改造的潜在价值。匹配与整合不会使得改造空间中的旧物消亡、新物孤立，相反，通过匹配与整合，让空间以物质与非物质的方式共同存在。新与旧之间不是顺与从的关系，新与旧之间应是一种相互平衡、相互补充、相互吸引的关联存在模式。

第二节　旧建筑改造中的城市有机更新设计

一、城市有机更新理论

城市更新是一种将城市中已经不适应现代化城市社会生活的地区作必要

的、有计划的改建活动。有机是事物的各部分互相关联协调而不可分，就像一个生物体那样。城市的新陈代谢，通过保持一种自然连续的变化，不断提高改造规划的质量，使区域发展得到相对完整的更新改造，这些相对完善的区域组合成的整个城市也得到了改进，实现有机更新的目标。

对城市有机更新理论的关键解读是从城市到建筑，从全局到部分，如同生物体一般是有机联系，互相影响，有机组织各因素的整体具有新的性质和功能，要素之间相互作用使整体在复杂关系中相互影响表现出统一性。核心理念是按照城市发展规律，注重内涵和质量，顺应城市肌理，城市的形态特征，科学和谐的可持续发展。解决方法即依据更新的实质与条件采取恰当规模范畴、适宜尺度标准。最终目标为不断提升城市规划的质量，使得城市更新区域的环境与城市整体情况相仿，恰当处理目前与将来的关系。

城市有机更新理论作为一种城市规划理念，通过包含对建筑体、构筑物等客观实体的更新改造，以及对各种空间环境、视觉环境、文化环境、生态环境的更新与延续，在可持续发展上探求城市的更新改造，这对于整个中国的城市更新实践具有重要的指导意旨。

城市有机更新理论的重要特点是改造后城市仍是一个整齐划一的整体。因此要探讨改造项目在原有地带和周围地区的结构和文脉特色，在改造进程中遵照城市发展的历史法则，充分考虑都市的文化特色，科学统筹规划，延续肌理的相对统一，保证城市协调发展。

旧建筑视角下对城市有机更新理论的理解，首先，城市整体的有机性。城市作为一个有机体，从整体到细部的各个结构彼此有机联系，形成整体的秩序。在城市尺度的整体把控上，需要潜移默化中自我更新。其次，细胞组织改造的有机性。旧建筑作为构成城市本身组织的一种城市细胞，需要不断地改造，更新过程中顺应原有城市肌理的同时，注重更新主体的多元变化，保障文脉的延续和发展的平衡。最后，改造过程的有机性。如同生物体推陈出新，不断用新物质替代旧物质，按照内在必然联系与法则，进行小规模的、渐进的更新。对于旧建筑更新改造着眼于阶段性协调改造，为新旧组成要素预留发展空间，保证建筑物可以以特有的推陈出新的形式循环往复地使用下去。

城市有机更新重点针对城市中优地劣用现象严重的区域，这些区域占据城市中心及高级地区，土地价值高，能很好反映出城市发展历程和特色，对其进行有机更新改造，保障该区域城市肌理的相对统一，注重功能的适度混合，以旧建筑改造出发从小的方面出发进行改造，带动城市的整体更新，提高城市活力。

上述所说的城市有机更新理论是针对旧建筑改造进行分析研究的。旧建筑改造是城市整体有机更新的重要部分。旧建筑的有机改造是一种积极的发展形式，既保护传统历史文化的物质载体，又能为自身发展建设注入新鲜的血液。基于现代功能主义和可持续发展理念共同作用下，从城市的物质形态空间、环境空间、社会环境等不同维度空间角度，注重社会经济的综合效益，持续的有效的利用合理动态的有机改造方式进行更新设计。

二、城市有机更新理论与旧建筑改造结合

旧建筑只有不断地改造才能保持活力，而通过改造反过来改变建筑。在后工业时代的今天历史印记能够传递给人强烈精神，在保留历史印记的同时最大化的将旧建筑的特征保存了下来，即使经过改造依稀也能分辨出建筑的固有形态及特征。

城市更新中，旧建筑作为城市建设中最活跃的有机体，会随着推陈出新的行动而不断发展和变化。城市的发展是连续不断打破平衡、恢复平衡的过程，城市突破原有组织，在动态改造中改善城市肌理，提高稳定性和有序性，达到城市新的平衡，同时各部分相对独立，彼此之间保持着有机联系。

（一）城市有机更新与旧建筑改造的联系

城市建设应该按照城市秩序与规律，注重内涵和质量，顺应城市肌理，集中体现科学和谐的可持续发展。空间形态、色彩材质、建筑体量等城市特征，揭示了内在的秩序和规律。城市肌理指标显示出城市密度，分辨的出城市形态，依据指标中色块本身形状判定建筑的功能性质，根据色块的疏密和大小变化判断出城市功能的改变。同时利用肌理指标指导旧建筑改造规划，

比如根据功能分布，对旧建筑物尺度加以改造，或改造旧建筑界面来符合城市形象。

（二）城市更新与旧建筑改造的结合

早期形体规划与功能主义理论指引下的城市更新仅着眼于解决都市的物质性老化，过于追求物质利益，忽视城市肌理的保护，忽视城市的机能衰退，忽视恢复城市的活力。20世纪60年代后，许多学者从不同方向和角度进行了研究探讨，促进了人本主义理论的深入理解，重点突出人性空间尺度的营造，以及对生活环境、历史脉络和文化内涵等方面的重塑。20世纪70年代在可持续发展观理念的作用下，城市改造的目标、内容更趋于全面恰当，更注重社会经济等各方面的改造，在改造中强调历史文化的延续和城市肌理的保户，以达到实现空间环境改善、城市功能整治的目的。

从城市更新理论出发，分析图底、连接和场所理论，将三种理论与旧建筑改造有机结合，对建筑与城市的联系，空间关系的明确以及对场所精神的延续有着关键的指导意义，以此达到旧建筑更新与城市发展的统一。

（1）图底理论。图底理论研究城市的形体环境，以建筑实体为图和开敞空间为底，图底关系能反映空间结构特征和空间等级，通过建筑界面限定完整空间，对开敞空间进行组织和充分利用。图底关系指导旧建筑界面和建筑实体的改造，合理分割空间，建立完整的外部空间，精确建筑外轮廓的形态，实现图与底在视觉上可以交换。通过增减变更格局形态特征来连接空间，建立彼此有序的空间等级。

（2）连接理论。连接理论的研究重点是空间"线"的组织，在建筑物与外部空间环境、建筑物内部彼此联系起来，建立有序关联的空间联系与动态。运用连接理论，能够在不同空间元素之间建立有效的联系，创造合理的空间系统，进而连接有序的活动。将连接理论与城市有机更新理论结合应用在旧建筑更新中空间处理。建筑空间作为城市空间体系的重要组成部分，以功能动线为先导，建立起空间联系和合理的序列关系。运用连接理论，以活动行为为主导引导整个空间的功能结构，建立了和谐有序的空间结构。

（3）场所理论。场所理论是用来解释人的行为与周围环境之间的交互关系，主要研究空间的内涵本质，在空间形态研究的基础上，强调对人的需求的尊重和对文化、历史、自然环境要素的关注。倡导赋予物质空间以意义，在空间的营造中体现对自然环境、社会环境以及时间要素的回应。在新的环境因素的影响下对整个生活空间重整。旧建筑的独特场所具有多维性、时间性、流动性的特征，在宏观上人与居住环境之间相互作用下肌理、空间功能结构，通过全局调控的途径及方法，有效地开拓和保护人类生存环境，微观上人与环境相适应相互和谐的作用，为城市社会生活提供良好服务。

三、城市有机更新在旧建筑改造中的设计方法

旧建筑的有机改造过程并非是一个孤立的自我改造，而是城市整体有机改造的一部分。在城市文脉环境的前提下，研究城市有机更新理论在旧建筑改造设计中的应用。从空间、界面、建筑实体针对旧建筑进行有机更新，从旧建筑空间秩序、形态、功能着手，旧建筑界面从色彩、材料、形态、装饰四方面进行有机延续，新旧建筑体的有机融合，彰显时间上的延续。

（一）旧建筑空间的有机改造

城市有机更新理论下，建筑空间应不脱离城市的发展需求实施改造更新，促进旧建筑空间改造的一体化，在旧建筑空间构成的认识基础上，强调现代需求而组成的新系统化的研究。在空间的秩序、形态、功能上，应顺应城市肌理，对周边环境作出呼应，加强人们生活在其中的舒适度。简单的拆除会造成识别性、方向感的缺失。

1.空间秩序的梳理与重构

旧建筑空间体系缺少明确的关系，与城市整体空间的结构关系也不清楚，在城市空间中表现出明显的封闭性。使其与城市空间缺乏互动，不但对城市空间造成消极影响，也造成了社会排斥。

旧建筑改造首先着眼于城市整体空间序列的布局，分析城市结构演变的时间表现，从完善城市空间单元入手，针对单元空间面积、形状等格局进行科学性研究，进一步完善和提升城市品位与环境质量，给予空间单元独特的特色和艺术形态，注重旧建筑与城市空间之间建立清晰的联系，营造对应城

市活动的更为开放的空间秩序，改造成可以连续的、整体的空间秩序。在旧建筑空间下建立明确的空间层次秩序，建立一系列不同围合程度、层级程度的空间单元，建立空间合理秩序，积极引导人的行为活动。

空间秩序重构的主旨是力争人与空间、空间之间、空间与环境之间的相互包容，实现建筑实体与外部空间环境融合共生，突出空间变化节奏达到序列和谐而富有韵律。

（1）城市有机更新理论下，增强城市和旧建筑空间的交流沟通，即部分建筑空间城市化或部分城市空间的建筑化。

第一，室外空间室内化。将室外空间改造为室内空间的延续，增加采光屋顶，利用现代材料围合空间使室外空间室内化，增加新的使用空间、功能，改善交通组织、人流动线、采光以及透风等现实问题，营造内部空间的动态体验效果，丰富空间层次，增强空间领域感。

第二，灰空间的有机利用。灰空间是室内和室外之间的过渡空间，巧妙提示空间的模糊、不确定和中和的特性。既保持真实的空间连续，也注重视觉上的空间连续。有机利用灰空间，注重引入自然元素，利用外部自然环境，在一定程度上模糊内外界线，冲破封闭空间的限制，消除内外隔阂达到内外通透，打造与外部空间既分隔又交融的独特形式。

（2）城市有机更新理论下，旧建筑空间内相互渗透交融，实现空间关系整合。充分全面的使用合理划分、开放渗透、引导暗示、对比变化等处理手法对空间进行改造，将空间序列打造更为整体变幻，充斥着强烈的节奏感。

第一，合理划分。旧建筑改造运用建筑内活动动线组织分区、分组、分层的布置方式进行空间划分，针对不同属性空间，分析空间结构功能的逻辑关系，进行空间划分重组，空间之间没有直接的联系，具有相对的独立性。部分旧建筑在水平方向有大跨度空间如工业厂房，依据功能、动线的要求可以进行水平划分，划分若干小空间。对于层高较高的旧建筑空间，通过分割置入增加空间的丰富性。对若干不同属性的建筑空间单元进行不严格的空间划分改造，打造彼此流通多变的形态，加强彼此联系。原有建筑大多为标准形状，传递着古典精神对秩序的强烈要求。不规则划分的不确定性认同既是现代的，甚至是后现代的。古典与现代的碰撞展现出独特的复杂魅力。

第二，开放渗透。人们需要增加多功能空间和旧建筑原有空间封闭独立，这些已经严重影响人们自发性活动。针对使用功能、性质和结构形式等因素的不同情况，将空间通透开敞彼此渗透。旧建筑通过对空间改造成不同的开放程度，使其具有弹性、灵活性与流动感，兼备独立性与多义性，适应多种功能的需求。不仅仅限制于硬质墙体切割空间，通过家具、陈设、或使用玻璃、织物等半透明性材质分隔空间，采用透空的隔断如墙面开洞口、透空栏杆，打破空间的节奏，保证了空间组织的丰富多样。

第三，引导暗示。城市空间因需要满足日常运作和未来发展，需要打造多向、可逆的结构。旧建筑空间序列可以改造为多向互动展开的系统，即人们可以从建筑的任何一点感知建筑空间，或者可以从某一节点向多方向感受不同的建筑组成空间序列。改造为符合人们行为动线的多方向序列的组合，兼具可逆性。

在旧建筑改造中，将空间和时间这两个因素有机地统一起来，使人在特定的行进路线中感受空间节奏在时间维度上的延展。沿主要人流路线逐个展开秩序变化的完整空间，搭配辅助的人流路线的安排，在空间连接处进行提示性改造，运用引导暗示的空间改造方法来保证空间序列的连续，丰富空间的趣味。如通过曲面墙引导入流沿着弯曲方向到达另一暗示空间，有曲径通幽的意境；利用楼梯或踏步引导暗示转折性空间；对天花地面进行暗示性处理，引导前进的方向。

视觉上的沟通可以对人的行为动线实行有效的指引，促进进行良好的自发性活动。同时通过对颜色、材料等的特殊处理，或空间的特殊划分，打造出错视觉（即视觉上的错觉）的效果，给人带来不一样的感受。

第四，对比变化。旧建筑空间改造设计中应善于依据功能，将空间体量、形态、意境等差别明显的组织联系在一起，利用对比对空间形式进行独特处理，产生一定的空间效果造成人们情绪上突变。设计师借空间规模体量的对比来突出独有的夸张特色。进入主体空间前，有意安排相对反差大的空间，如走入高大空间前先通过极低、极小的空间，压低视线，压抑情绪。相连空间规模体量相差悬殊，借助体量对比导致心理上的变化和高昂的情感变化。

2.空间形态的塑造

城市有机更新下的空间形态改造，强调城市空间整体和空间单元个性。在旧建筑空间形态体系整体划一的条件下，在视觉连续的基础上有机利用物质形态，结合建筑形态打造空间的个性多样，重点突出打造变化节奏。

（1）城市有机更新理论下，保持旧建筑形态与城市的统一。城市有机更新关注城市外在的风貌特点和内在的历史文化，关注塑造地方特质，加强本土化设计，探讨城市更新与人的相互作用和联系，使旧建筑改造朝多方面发展。

（2）城市有机更新理论下，强调旧建筑空间形态的个性。

第一，独特形态的置入。旧建筑原有空间存在形态单一、空间体验较差的空间形态问题。难以与现代生活工作模式相适应。在旧建筑空间内增加一些独特的形态结构体量，建立完整的新空间体系，加剧空间上的强烈对比，打造生动的空间视觉效果，同时也为人们增加了空间的差异性体验。在旧建筑改造中，注重空间形态的各元素（体、面、线、点）要素（形、色、质、量、场）的改造，打造更具个性、内涵和生命的空间。注重在重要位置打造的独特形态可以区分空间主次，强调空间重要性和特殊性。利用不同的空间形态的对比，达到突破空间限制和摆脱空间的单调感的目的。旧建筑改造运用在规则空间中插入特殊适合的形态方法来达到空间的变化，达到出人意料的空间效果。

第二，局部的拆减。在旧建筑原有空间进行重新安排，以达到不断提高的多种功能的需求。例如，单层大跨度旧厂房可以采取拆除非承重墙体的方法，来增大使用空间面积；多层旧厂房可以通过切割分离墙体，拆卸梁柱、楼板等部件的方法，来重塑空间形态与布局，将旧建筑空间改造设计成拥有中庭等高大的空间。

第三，局部的保留结合。在旧建筑改造的过程中，保留建筑空间物理性能，部分保留旧建筑的原有空间结构体系，提炼旧建筑原有的生活印记，保留原来的社会关系，再现原有空间环境的特点，实现归属感建立的需求，唤起原有的城市记忆。旧建筑更新改造通过有机动态保存，极大的减少能源支出，实现"生态改造"。通过延续文化，赋予空间新的意义，为场所注入新的时代精神。

第四，空间不同形态改造方式组合。"线"形的空间表达出空间的连续感，"点"形的空间示意人们停驻，"面"状的空间则暗示人们的聚集，根据空间功能的需要，对空间形态的进行合理组织，给人以丰富的感受和极致的体验，对人在空间中的行为活动进行合理有效的指导。旧建筑中的空间往往由于密度过大或因建造初期的空间规划缺乏良好的设计，造成空间形态的单调，形成缺乏人性、无趣的空间体验。在更新改造过程中，设计师注重在空间形态上塑造多样的变化，最大程度地丰富使用者的体验。空间多样变化的形态在宏观角度上既反映了多种形态空间的合理组合，在微观角度上也体现单个空间片段的丰富性。

3.空间功能的完善

城市有机更新下，旧建筑原有功能在改造过程中尽可能地保留，对原有的功能配置进行整合，将混乱失序的功能空间整合规划，形成良好的秩序。保留的基础上也加强旧建筑功能转型，为旧建筑赋予更多的城市功能属性，通过在空间中加入新的功能促进空间与环境共融。一方面在改造后能够融入整个城市功能体系，为附近区域提供商业、休闲、娱乐等更多服务功能，在一定程度上减轻了现代城市交通的压力。另一方面，对原有功能进行整合，保留原有生活工作方式，增强多种功能的混合。

（1）同一时段容纳不同功能。旧建筑空间更新改造鼓励混合多种功能混合，为自发性活动提供可能性，为人们生活工作产生更多的吸引力和难以预测的感知刺激，为人们在不同空间快捷转换活动提供条件。混合布置多种功能的这种方式可以体现在水平方向的邻近安排与垂直方向的层次布置两个方面。以水平方向多种功能的混合布置为例，为人提供了便利，增加了在空间中活动的偶然性。在垂直方向，多种功能的混合布置联系上下空间，增强上下互动。空间多种功能的汇集，同一时段中不同功能的呈现，为偶然事件提供偶然的联系的可能，给建筑和城市空间产生朝气趣味，不同时期建筑的功能价值转化，唤起了人们对商业社会的反思

（2）不同的时段容纳不同功能。旧建筑更新改造中由于空间的局限性，单独一个空间在某种条件下需要具备一种或几种主要的和外显的功能含义，但同时兼具备展现出其它功能含义的潜能，适应空间功能改变。通过改变空间装置装饰，及时转变呈现出其他功能空间的展示。

（二）旧建筑界面的有机更新

旧建筑的存在体现了城市文化的延续，更新应当在过去与现在之间建立有机的联系。通过遗产保留，地区特色保留，合理的拆除，保留旧建筑形象特征的要素，保持多时期差异性，顺应所在片区的城市肌理，对周边环境做出呼应。重视回归传统，继承和发展城市的传统空间要素，加强历史和时间纵横的对比，对旧建筑风格、地域特色、场所精神等的深入挖掘，使旧建筑有机更新的改造方法得到延展，体现出建筑作为有机体可以将不同时期的特点融合，不断的更新改造，促进多种文化交汇与融合赋予深厚的文化底蕴，兼容并蓄，多元交融文化特质。

随着全球一体化的加速，城市建筑呈现出趋同性，城市面貌也趋于相同。随着功能的改变，界面也应适时的有机更新，加强保护和继承城市脉络、抵制全球一体化的趋同性。旧建筑界面的改造能直接传达城市肌理的延续，强化城市特征，打破对旧建筑形象认识。加强明确城市与建筑的空间关系。建筑内丰富的界面形象能够使空间具有较强的可停留性，充分发挥空间的聚集效应，将人的视线聚集起来，为空间中的活动提供良好的引导和吸引。建筑丰富的界面变化直接影响人的空间体验，新旧各个元素在大小、形状、色彩、材料、质感、肌理等方面相互协调，打造富有韵律的界面空间感，通过建筑物的细部更新，更新景观绿化，丰富人们舒适的空间体验。通过对其更新改造实现对隐藏在建筑实体背后的建筑风格、场所精神、地域特色等的呈现。

1.界面色彩的个性化

色彩的改变影响创建具有非凡空间，尝试创造截然相反的视觉效果。例如，冷色调会令人感觉幽静亦或抑制，然而暖色调却会使人感觉到活跃亦或热情。色彩的视觉效果对渲染氛围也起着极强的作用。旧建筑中陈旧的色彩与现代装饰色彩的对比，极具现代时尚感，突出现代设计理念与传统的融合，加强城市与建筑的联系。

2.界面材料的创新性

在平淡无奇甚至破败的旧建筑中开拓创新，新旧部分在一个空间中融洽相处，各自体现价值。注重体会周边的历史环境和旧建筑遗迹所具有的独有的气氛，细致入微地感知原有建筑的材质表达，通过引入室外粗犷的材料，新旧材质的对比，充分表现材料的文化内涵和质感肌理，充分利用材料的特性增加空间的趣味感，增强界面的层次感，进而影响人对空间的感知，加强原有建筑与改造建筑之间的联系，使得改造建筑具有过去的痕迹。

材质对比主要通过质感和肌理来表现，了解物体表面质地的特性作用粗糙光滑、软硬、冷暖、光泽度等，感知质地上的细小纹理变化。设计通过对材料上的使用、局部空间构造的逻辑关系以及建筑细部构造衔接等来完成触觉的感知。我们通过触觉的感知来体验建筑带给我们的一种区别于视觉的感官。

采取现代技巧，大批使用地方性建筑材料如：砖、石头等，利用传统特色鲜明的建筑建造工艺，对屋顶、粗实的细部处置等要素进行有机改造，使之具有鲜明的地方风格。

3.界面形态的多元化

旧建筑改造将不同地域的文化要素并置在同一空间内，要把不同的时空要素抽象化，并融入建筑体中去，形成了建筑新旧的共生形态，如同一个会新陈代谢的有机生命体，创造出层次分明的多元建筑效果；同时改造后的建筑也兼具"历史载体"的功能，记录时代变迁中建筑审美的细微差别。

将旧建筑色彩、材质以及装饰等典型特征加以有机更新，注重对原有空间界面的呼应，达到现代精神与城市肌理的有机融合。通过重点选取具有代表性的旧符号元素，塑造可识别性强的特征部分，加强建筑的自身文化属性，重点处理好"局部"和"整体"的关系。符号的引用与异化为新与旧之间找到了联系，利用新的形式沿袭与替代传统的。建筑物装饰要素可以传递更具召唤性、说服性的建筑文化信息，通过了解装饰要素提示的内容信息，引起人们某种知觉认可或是喜悦的情感，营造出环境上的文化气氛。

抽取共同性质或改造主题，寻找原形和变体之间的共同部分和联系，主要能够迎合现代的需求与审美。对涉及比例、尺度进行深入探讨，通过总结概况、提取建筑形体、色彩、材质、等特征并根据需求进行适当改变。旧建筑通过"图像性"和"象征性"表现外部指代和含义，将建筑特征以熟悉的几何视觉元素形式进行编制演变，打造之前建筑的相似特征，间接地突出建筑本身，通过共鸣或对立来赋予建筑内涵，达到内在联系和内外连续。

旧建筑改造就是局部对比、整体上有机统一的矛盾建筑体。通过对旧建筑界面的色彩、材料等装饰元素的改造，新旧元素的色彩、材质等对比，产生与不同材料的邻接、新的色彩效果、与功能主义的冰冷严峻形成鲜明新颖的对比效果。整体与城市相联系，更具人性的视觉体验。

（三）新旧建筑物的有机融合

城市整体发展的前提下新旧建筑物统一整体又各具特色和象征意义，符合其特有的年代风格和样式，新旧建筑物恰当的穿插是保持地区多元发展的前提。建筑物的新旧协调、文脉继承、特色保持等问题是更新的体系结构与建筑的历史遗风交融的关键。创造视觉上两个不同时间点带来的元素之间的差异和谐性和特色连贯性。

（1）图底关系下处理新旧建筑的相互关系。新旧建筑物处理图底关系的过程中，突出城市空间之中旧建筑的主体性，整合新旧建筑的规模形式，互为参照和背景；城市建筑轮廓线形成构图背景，强调新旧建筑的图形外框；以地形起伏的上下变化和绿色景观的部分遮挡来协调新旧建筑物与环境的图底关系；或挖掘地下的活动空间，保留原有的图底关系；或突出轴线对称关系和利用空间重组手法，来展现的新旧建筑物的整体性，强调作为图形中重点建筑。

（2）城市更新下新旧建筑物和谐并存。新旧建筑物的和谐并存，会给观者带来别具一格的体验，旧建筑更新改造中偶然的独具匠心可以给人耳目一亮的视觉效果，建筑与环境的图底关系的重置，新旧形式的交融促进丰富层次的产生。在新旧建筑并存的场所中，将新旧建筑物结合改造为高度错落有致、体量大小协调、具有韵律节奏外部轮廓，风格样式协调统一的新建筑，其中保留旧建筑的符号和印记，重新利用旧材料和构造。新建建筑不必全部沿袭传统形式，不必完全使用固有的形式和建造语言来迎合旧建筑。延续传统建筑形式同时运用现代的创作手法，对建筑细部的进行反复推敲，对比例尺度的进行精细把控，权衡新旧建筑物的整体效果，保障时代的文化属性和审美意义。新建建筑物的立面设计依据原有特点，符合城市发展历程，与周围的环境融合，进行有机更新，体现出传统建筑的风貌。

四、城市有机更新在旧建筑改造设计中的原则

（一）有机整体性原则

城市、建筑皆由许多不同的单元组成，部分与部分之间既有差别划分，又有内在的关联，旧建筑改造主要目的是使整体高效系统化，组成部分更加变化和有序。在改造过程中，要注重整体的统一，兼顾部分的多元效果，正确把握部分和整体的关系，从整体结构、功能布置、空间关系和文脉等方面统筹兼顾。注重城市综合改造，强调整体与布局的有效衔接，更新与保护的有效衔接。

由于不同时代的建筑独特的艺术语言呈映了其独特的时代特点，经过有机改造体现城市文脉的继承性，与地理环境形成完整协调的整体。在建筑改造中，必须本着从整体环境出发，满足社会需求，严密结合城市空间构成和传统建筑形式风格等要素，在对整体掌握的前提下，通过细节改造体现创新和个性。有机将部分统一结合成整体，将空间形式改造为关联有序的组织，变化更新各组成部分形式，使其丰富有趣。有机更新改造旧建筑，新旧形式元素并置，特征增强明朗，打造出引起视觉紧张感，强调个性的空间。

（二）多元化包容原则

城市空间的多元包容是城市活力得以保持的必要条件。由于社会资源不均等分配，贫富差距的拉大、社会矛盾的加剧等问题。因此，在旧建筑改造中应注重空间的多元化和包容性。旧建筑改造中多元化的维持包括空间使用主体构成的多元、空间形态多元、空间秩序的多元、空间功能构成多元以及生活模式的多元等多个层面。使旧建筑在改造之后，成为能包容不同阶层群体的不同生活习惯，空间形态丰富，既能包容文化又能承载时代精神的，集合工作、购物、居住等多种功能的，多元活力的城市有机体中的一个细胞。

城市有机更新下文化延续，保存历史脉络。城市人文环境在时空上与其他事物的关系，展现着城市特征的灵魂，是城市最重要的个性标志。城市人文环境是建筑存在的背景，充分地理解、应用、传承建筑环境场地的文脉特征。一座城市的文明除了生活居住带来的文化脉络外，还有社会生产所带来的工业文明，作为推动城市运转的生产力，它所留给城市的烙印更为深刻通透，通过改造，加深印记的同时适应现代生活的发展。

（三）历史现代兼顾原则

尊重历史是体现深厚文化的本质特征，结合现代设计是文化创新的具体体现。旧建筑改造作为一个推陈出新、新陈代谢的过程，不能只是传统意义上的保护维修，在尊重和保护历史文脉和传统风格的前提下，注重加入时代的特点，整体有机设计规划增添生机和活力，展现动态、延续、有机再生的理念。旧建筑改造利用各种改造手法，对忠实记录原有建筑特征，并对其做不同程度之呼应，对空间、界面和建筑体加入现代化改造，使原有历史性建筑物中产生新旧对比。

在旧建筑改造中，有机改造的体现不仅在于使之由城市整体空间建立有机的联系，还体现了过去、现在与未来在时间上建立有机的联系。因此，在旧建筑更新过程中应考虑原有的空间环境与文化环境的延续。在空间秩序上，与周边环境肌理产生呼应，保持空间的连续性。在空间形态上，维持水平视域内的适合尺度，延续原有的城市肌理。旧建筑是城市发展更新的见证，其中加载着很多的城市记忆，也是承载着属于平凡人而非历史英雄人物的历史的重要载体。旧建筑中存在着具有独特魅力的市井文化，拥有着鲜明的内在秩序和文化活力。这是城市多元文化里缺一不可的一部分。因此，在旧建筑改造应体现对城市记忆的保护和延续，同时也应注重消解原有文化特征中的消极部分，使之能够成为城市文化系统中积极部分。

（四）可持续发展原则

建筑有机更新使旧建筑再生，即可以使建筑物不被毁灭，又使旧建筑得到全新活力。这种做法改变以往单纯追求经济而忽视生态环境保护的传统改造模式，实现对产业结构调整进行合理布局，实现旧建筑的可持续发展，平衡经济、环境资源等之间的矛盾，实现双赢发展。同时改造更具有深厚的环保观念，最大程度地实现保护建筑物价值。

很多建造时间较长的旧建筑，因经济产业的转变、资金链的断裂、功能单一等原因导致停业、荒废搁置，其实可归结为旧建筑不再契合社会当前尤其是未来所倡导的可持续发展观。旧建筑有机更新改造是建筑领域的可持续发展之路，首先，注重掌握有机更新改造的周期，防止更新改造后仍因建筑使用周期短而造成二次经济损失和建筑物垃圾对环境的污染，其次，注意对原有资源采取循环利用，有机结合，避免建筑能源消耗，应将可持续发展作为设计原则，可以有效的降低建设中和建设后对环境的污染，旧建筑有机更新作为循环使用的手法，有效的延长建筑的生命。

第三节　旧建筑再利用的设计逻辑与方法

一、设计逻辑与设计方法

（一）设计逻辑

逻辑一词在各个不同学科研究中都有不同的定义。逻辑学本身就是一门基础性科学。在普通逻辑学中，逻辑的含义主要有以下最为应用广泛：①逻辑是研究思维的科学；②逻辑是研究推理的科学。

广义上我们可以说，逻辑是人的一种抽象思维，是人通过概念、判断、推理、论证来理解和区分客观世界的思维过程。逻辑是在形象思维和直觉顿悟思维基础上对客观世界的进一步的抽象，此处的抽象是认识客观世界时舍弃个别的、非本质的属性，抽出共同的、本质的属性的过程，是形成概念的必要手段。简言之，是将人的意识按照一定顺序通过证据判断出结论的思维过程。反映到建筑领域，建筑设计对于逻辑的运用更是显著，只是人们往往忽略它的单独存在而是将其归入设计方法的范畴，其实建筑设计行为就是建筑师按照一定的逻辑对信息进行提取、论证、判断进而最终分析得到设计概念的过程，以此进而指导设计方法的具体运用，这种思维过程称之为设计逻辑。

（二）设计方法

"方法"一词在古希腊文中的原意是指沿着直的道路前进，意即把方法看作是一种途径和门路，在现代意义上则可引申为人们认识问题和解决问题的途径、程序、方式等一系列手段。我们认为，这种手段是在一定的理论指导下展现的，是将理论经过一定的提炼和加工将其具体化、程序化的结果。因此，方法既不是一种单纯的、自然而然的知识，也不是一种单纯的、自然而然的手段，而是两者的有机结合，亦即方法是人们凭借一定的理论知识而使用的一种手段，它实质上是知识与手段的统一。

此外，由于方法问题的重要性，人们在认识世界、改造世界的过程中，为了寻求更加有效的方法，便对各种方法本身进行了研究，以便探讨各种方法的特点、作用以及各种方法之间的联系，从中总结出规律性的理论，因而也就形成了方法论。方法论就是关于方法的学说或理论体系。明确了方法和方法论的基本含义，那么所谓设计方法就是人们在设计创造过程中所运用的各种知识与手段的统一体，亦即是人们在设计创造过程中，将各种知识综合起来，并将其程序化、具体化为一种解决问题的手段。

由于旧建筑再利用设计的发展涉及的因素越来越多，不仅要考虑各种设计条件和技术能力，而且必须考虑经济、政治、文化等社会方面的问题，因而旧建筑再利用方法论所要研究的设计方法的内容就十分丰富。它不仅包括设计构思过程中所使用的各种方法，而且包括设计构思之前所使用的技术预测、技术评估等方法以及设计方案形成之后所使用的技术开发等方法。

方法既然是一种规律性的总结，那么研究方法必然离不开对发生规律的主体进行研究，对于旧建筑再利用设计来说，设计方法的规律性主体是建筑师的再利用设计实践，具体说是设计方法是产生于再利用设计的实践的每一个环节，应用于设计构思过程中。

（三）设计逻辑与设计方法的关联

建筑设计的过程，我们可以分为前期分析、方案构思、方案表达三个部分。设计逻辑和设计方法都在方案构思过程中间被应用。我们通常在进行设计的过程中比较关注设计的方法，其实在整个设计过程中往往不易察觉的是我们的设计逻辑。在建筑设计的过程当中，从最开始对现象的直观认识，到对各种影响因素的提取分析，再到概念构思的产生、发展，这一系列的设计活动都遵循着一种或多种形式的逻辑，这些逻辑产生的过程看似随机且无序，但其形式却无外乎推理、阐述、证明等。

放大设计过程来看，第一阶段——前期分析：信息收集、调研、信息综合分析；第二阶段——方案构思：基于信息的分析，根据不同的设计逻辑进行构思，并逐步引入设计方法进行方案落实；第三阶段——方案表达：通过文字、图形、模型进行不同阶段的方案表达。可见在时间上，设计逻辑是在设计方法产生之前进行，所以我们可以说设计逻辑决定设计方法；在内容上，设计逻辑是设计方法的来源和依据，设计方法可以通过书面设计方案或语言沟通的方式指导建筑实践，而设计逻辑却必须通过设计表达进行再加工。

（四）旧建筑再利用的设计逻辑和设计方法

如何针对旧建筑进行再利用，一直以来是建筑创作中具有挑战意义的命题，它不仅要求建筑师能够发掘出旧建筑的历史价值，而且要在历史环境中注入新的生命。"再利用"，一方面是对旧建筑有形的物质实体的再利用；另一方面是对无形的场所精神进行再利用。对旧建筑的重新设计在对这两方面进行判断分析时，并不能简单套用现如今我们在设计中用的文脉分析和物理性能分析，也不能直接照搬现有的成功案例中间的做法。它需要建筑师在

"历史意识"下对设计任务中特定的旧建筑进行全面的认识和分析，对新的功能要求与旧建筑的现状进行整合思维。

基于诸多建筑理论对旧建筑再利用的影响，如场所理论、文脉理论、共生理论等，此处将针对旧建筑再利用的设计逻辑划分为三个部分：首先是基于旧建筑本身的特殊性和复杂性的信息归纳分析；其次是针对旧建筑再利用的目的、技术性、价值体系、功能属性等详细信息进行较深入、系统的分析；最后针对性的探讨设计构思、设计概念的形成入手点。

二、旧建筑再利用的设计逻辑

（一）旧建筑再利用设计中的特殊性和复杂性

一栋建筑从奠基动工到再生的过程中，它的成长、辉煌、老化、损耗、由新向旧转变的生命周期赋予了与它相关的人和城市一段具有不可替代性的历史见证，这便是与新建筑截然不同的特殊之处。旧建筑自身的这种特殊性与复杂性，决定了旧建筑再利用的设计也是特殊与复杂的。

1.旧建筑再利用设计中的特殊性

旧建筑再利用设计是针对以整体或局部保留旧建筑为前提的特殊命题的新设计行为。作为新的设计行为，它不是对原有旧建筑的设计内容进行修订，而是对建筑场所现有元素进行提取再利用、整合，赋予新的存在价值。

旧建筑再利用设计的特殊性体现在设计条件中特有的制约因素。相对于一个新建项目的设计来说，再利用设计的前期分析有所不同。

新建项目针对的是一个空白的基地，它要应对的是一个场地本身的环境制约及其在城市中间的文脉处理，而旧建筑再利用需要应对的是场地和场地之上的有形的建筑实体的制约和建筑实体蕴含的场所精神的处理；新建筑设计可以用顺应或者突破现有城市肌理的手段来体现新的场所意义，而旧建筑再利用往往需要以再利用为前提，以已经存在的物质和精神因素为起点，通过针对性的设计逻辑来构思新的设计方法，以达到场所的再生，实现和谐的新旧共存。

再利用的设计过程是针对旧建筑的一部分或者整体的研究出发的，所涉及的工作小到对旧建筑设计资料的修复，大到运用新技术对建筑物进行整体革新，每个环节都有独一无二的问题有待解决。例如对材料的修复来说便是新建筑很难遇到的问题，而在旧建筑再利用中往往为了保留旧有的空间体验、记忆性的视觉效果，在材料选取时或是保护性的修复、或是形式上的协调、或是对比性的冲击，如在法国的移动剧场博物馆设计中，建筑师保存老屋架的现状材料，用沙吹法吹走曾经人为漆上的油漆，露出原来木材的本身色彩与质感。

总的来说，旧建筑再利用设计特殊性表现在：对旧建筑的资料分析、评价取舍到提出问题的逻辑思维过程；及概念形成、方案完善、技术支撑的解决问题的方法体系。

2.旧建筑再利用设计中的复杂性

（1）设计实务流程的复杂性。旧建筑再利用设计的特殊性决定了这是典型的多学科、多专业协作的复杂性设计研究建造活动，需要密切配合、共同协作，其设计实务流程要比普通的新建建筑复杂得多。

（2）研究对象类型的复杂性。再利用设计的研究对象是再利用的主体即旧建筑本身，因此当我们把再利用设计作为一种设计类型来研究时，必须对这一设计类型下的所有旧建筑类型进行分析。从现有的改造实践和相关研究来看，对旧建筑再利用的分类主要有以下几种：

1）根据旧建筑原有功能属性进行分类：①工业建筑。荒废的工业区及其与之配套的仓储区、工业运输码头及其他附属建筑群。废弃的单体工业厂房、仓库等。②交通建筑。不再满足城市交通需要的老火车站和汽车客运站。因城市发展失去其重要性的交通码头区。③体育建筑。城市中不能满足现有功能需要的体育场馆或因历史原因废弃的体育设施。④办公建筑。城市中产权转移比较频繁的商务办公建筑，空间布局分为集中式和分散式。⑤居住建筑。体现城市风貌或地域特色的旧民居群，小规模的面临淘汰的住宅区，废弃不用的独立住宅。⑥其他构筑物。构筑物是指那些仅有功能结构，不具有内部空间，或虽有一定的内部结构，但不以人在其中活动为使用功能的建筑产品，如设备塔、城墙、地下军事设施等。

2）按照旧建筑空间形态特征进行分类：①"常规型"。空间不高，开间不大，普通的低层与多层建筑。例如旧住宅及普通民用建筑。②"大跨型"。具有高大内部空间的建筑，其支撑结构多为巨型钢架、拱、排架等，形成内部无柱的开敞高大空间。例如老的工业建筑等。③"特异型"。一些特殊形态的建、构筑物，如水塔、煤气贮藏仓、贮粮仓、冷却塔、船坞等，它们往往具有反映特定功能特征的外形。

3）按照再利用的设计目标功能属性进行分类：①改造成公共服务空间，如博物馆、展览馆、剧院、体育馆、车站等；②改造成办公空间，如商务办公楼、创意产业工作室；③改造成居住空间，如独立住宅、单元住宅以及集合住宅；④改造成商业空间，如商场、零售店、酒吧餐厅；⑤改造成教育空间，如学校、培训中心；⑥改造成生活—居住单元；⑦改造成其他混合功能空间。

不同的类别决定了再利用设计必须有不一样的设计思路和设计方法，当然这些方法并不是指具体的操作指导手册，所以在本文中引入了设计逻辑的分析，以应对这种复杂性。

（二）旧建筑再利用设计中的场所再生

因为旧建筑的特殊性、复杂性，怎么利用这些复杂条件和制约因素，自然成为设计逻辑的着眼点。我们简单的将这种思维模式（设计逻辑）划分为两个阶段—分析和构思，当然这两个阶段不是独立存在的，而是基于一定的时间顺序下的交叉螺旋发展。具体表现为：首先，分析旧建筑的特殊性与复杂性，得出针对性的设计思路，形成一个全局的印象；其次，对设计依据进行二次的充分分析，为进一步设计思路的合理性打下基础；最后，选择构思方向。

建筑设计本身就是一个理性和创作交织的过程，一方面需要基于合理性的理性分析；另一方面创作思维需要摆脱一定的制约因素，在设计过程中把各种复杂的影响因子归纳成抽象的设计因素来刺激创造性的思维活动。我们经常听到某些职业建筑师对研究者提出的设计方法不予接受，认为过于教条化。其实回归到设计方法的定义——所谓设计方法是人们在设计创造过程中，将各种知识综合起来，并将其程序化、具体化为一种解决问题的手段。所以建筑设计作为建造实践的指导，其对知识和手段运用不可能完全依赖于每次设计过程中的突发奇想，必然需要对方法的分析、归纳和演绎才能保持高效的创作常态。

对于旧建筑再利用设计，其自身的特殊性与复杂性决定了设计过程必须遵循某种规律性的思维逻辑，具体的设计方法也必然是无序到有序的积累过程。本章节便是基于对旧建筑的特殊性、复杂性和设计依据的分析，将设计构思分为三个构思方向：基于场所要素和场所精神的场所再生，基于对建筑空间现状的研究和功能目标的空间再构成，基于旧建筑技术性分析的技术更新。

1.场所与场所精神

人所生活的人为环境并不只是实用的工具或任意事件的集结，而是具有结构同时使意义具体化，这些意义和结构反映出了人对自然环境和一般存在情景的理解。人类需要一个相对稳定的场所系统来发展自我、社会生活和文化。这些需求赋予人造空间以情感意义，使空间不再纯粹只是物质形式的表现。因而场所的形成不能仅仅意味着形式的堆砌组合和空间的单纯构成，建筑师必须组合包括社会因素在内的各种元素，致力于整体环境的塑造，才能创造出"有意义的空间"。

人的存在和使用的空间均可称为场所。场所是某种行为事件发生的具体环境。它是由具有物质的本质，形态、质感、颜色的具体物的组合。因此空间、行为、意义、时间等是场所的四个要素。

场所是人们生活的建筑空间，由特定地点与其上的特定形式的建筑组成，特定的地理条件和自然环境同特定的人造环境构成了场所的独特性，这种独特性赋予场所一种总体的特征和气氛，具体体现了场所创造者的生活方式和存在状况，场所因此与物理意义上的空间和自然环境有着本质的不同，使人们通过与建筑环境的反复作用和复杂联系之后在记忆和情感中所形成的概念，所以从更为完整的意义上来看，场所概念应当是特定的地点、特定的建筑与特定的人群相互积极作用并以有意义的方式联系在一起的整体。场所是指包含了物质因素与人文因素的生活环境。

以此，反映到旧建筑再利用的场所再生，可以将场所归纳为物质属性和人文属性两个层面（当然它们不是等价的）：①物质属性就是建筑、建筑空间与环境间物质的形式表现，如空间的构成、材料、结构、界面的应用，是场所实现的物质手段；②人文属性注重的是精神的表达，也就是场所四要素行为、意义、时间的综合反映，将物质空间赋以人性化的特性，是对生生不息的人类精神的传承。在旧建筑再利用中，除却对物质性的保护和更新，更注重于场所精神的体现，即是通过对建筑物质因素的重构来追溯场所中的历史意义、情感记忆，实现旧建筑中的人文价值。

空间是所有场所的总和，是一种有方向且定性的动场。建筑空间是许多场所共存的系统，不同的场所以一种内在的结构结合起来形成建筑空间。建筑空间是多个的场所空间共存的系统，以一种内在的结构结合起来的整体。由此可见，空间与场所的关系是整体和部分的关系，场所是空间根据人的不同行为模式而发生的具体分化。

2.场所再生

建筑成为人们精神上的一种寄托，除了在建筑中感到亲切，舒适，方便等，还能体验到一种自省的情感，并能够在建筑的空间内审视自身的价值。旧建筑再利用之前场所中沉淀着丰富的人文价值观、地域文化、人与自然的关系，这些都可以通过再利用的设计方法使其再生，表达出这种内在的秩序。从而形成了一种凝固在人周围的参照系，促使人们对自身、对人类生活本质进行思考，最终实现"诗意的栖居。"建筑内部空间的场所精神指空间的氛围，人们对于空间有着认同和定位。场所是一种"特殊"的空间，它让人们不再徜徉于让人筋疲力尽的"功能化"的城市空间，人们在场所中能够休息、沉思，从历史和记忆中寻求形式和意义。

（1）对人文价值观的认知和尊重。20世纪是全球化进程加快和商品经济主导的年代，在21世纪这种潮流依然不可逆转。这种潮流下系统化和标准化的操作方式吞没了地区间的差异性和多元性。而当物质发达、信息自由的时代来临时，人们以往的传统生活方式发生了很大的变化，全球化的力量往往瓦解了传统文化的价值并漠视了过去的一切，造成人文价值观的缺失。建筑作为一切艺术中对人类生活影响最大的表现形式，必须尊重人文和地域等方面因素。

（2）地域主义的表达。地域主义着眼于特定的文化和地点，地域在此被认为是一个特定的地段，与所处环境的地理与形态条件紧密联系的场所。每一个地域都有其独特的属性，成为人工与自然的交汇点。其自身的深度和结构及其自身的规律，等待人们去理解和挖掘。当地的地理景观、人文、传统、科技等的历史性的沉淀成为一个建筑的深刻的外围条件，传达出一种神秘的用言语无法描述的空间氛围，决定出建筑本身的气质。每一个城市及地理景观都有其场所和历史上可以感受到的意义，这些意义可以让人感受到它魅力的所在。建筑与地域之间是相互依赖的关系，建筑设计过程中所作出的选择不可避免地定义、明确了各种关系，形成了对地域的阐释和解读。

（3）楔入城市文脉。建筑的场所意义也体现在建筑与周围环境的关系上。建筑与环境的关系不是一成不变的，而是动态、延续的。它在设计过程中逐渐明确化，在建筑竣工后通过新平衡的建立得到巩固，从那时开始，它又进入到新一轮的动态循环中，一方面与环境发生对话，另一方面又持续与建筑自身发生对话，在时间的流逝中，建筑获得意义。建筑应该提升环境的品质。只有当建筑被作为一种人居模式提出后，只有当它所处的环境具有了新的意义并得到巩固时，建筑才具有永久的魅力。

3.基于场所再生的设计逻辑

人们通常基于两种不同层次含义来理解建筑的意义：第一种含义以建筑的使用功能为依据的理解，即空间功能属性的理解；第二种含义是感受者对建筑代码的认同程度。建筑的意义是否被认同可以认为是人们对建筑实体理解和解释的结果。建筑空间由形式化的点、线、面、体实体构成，它们确定了空间外在的基本形状。人们通过这些基本形状领会建筑空间的使用特点。但是这些抽象的空间特性，如场所的中心、领域边界的开合以及方向性和连续性等，往往依据行为图式、定位、向心性、闭合性等概念同时作用而成立，并表现出多义性的特点。

人们对于空间的认同都深深地植根于人们的日常实践，必须结合物质尺度和社会尺度，才能真正理解空间，理解人们自身所处的环境。人对空间的认识方式，涉及很多方面，是人的触觉、听觉、嗅觉、视觉和人本身的运动决定的。我们用手触摸空间的材质，会感受到这个空间的精神气质；当我们进入一个黑暗的房间时，一束刺破黑暗的光线能使我们感受到自然；在空间里听到的声音会帮助我们确定周围的环境；视觉也许是最重要的，它形成了空间对人的最直观的印象。高品质的建筑空间绝不是由单一因素所决定的。每个优秀为建筑的空间处理都体现了对它所处的世界（包括环境）的综合认知。空间场所意义建构的过程，是依靠具体的物质元素的限定来实现和表达的。

场所再生的具体操作是通过建筑空间元素整合和互动发生的，要重塑空间的形式特征，必须依靠空间的围合介质与结构构件、材质、光线与色彩等这些要素加以精心取舍，组织，充分发挥原有建筑的设计特点和时间赋予建筑魅力。归根结底就是：围合出一个场所，在场所中树立起一个中心，这样形成的空间，就是有意义的场所空间。

人通过在空间中的感知、情绪和行为来认识场所。场所具有内在的品质吸引和支持着人们的活动。人们在场所中能够准确地定位自己，明确自身与世界的关系。准确地定位则需要对空间的秩序和结构有着清楚的认识，因此人对场所空间的认知表现在一系列的空间概念的表达上。

三、基于场所再生逻辑的设计方法

场所具有内在的品质吸引和支持着人们的活动。人们在场所中能够准确地定位自己，明确自身与世界的关系。人对场所空间的认知则需建立在不同层次的建筑语言上。

（一）肌理再利用

肌理是客观存在的物质的表面形式，又是人们认识物质的最直接的媒介。建筑的肌理不仅是建筑视觉表现的关键因素，也是其构造组织形态的体现。本文分析并探讨了肌理应用于旧建筑再利用设计的观念与方法。

　　肌理可以唤起人们的欲望。真正的艺术刺激我们触摸的设想知觉，而这种刺激正是生命的扩展，真正的建筑作品也会唤起类似的强化我们自身体验的设想触摸知觉。

　　肌理可以像年轮一样成为时间的印记。从旧建筑再利用实例中，砖墙裸露的肌理和管道锈渍斑斑的肌理中可以看到时间的印记，新与旧的肌理对比中可以让人感受到历史的纵深与时空的张力。

　　目前较为先进的一种绿色建筑外围护结构设计的概念是"整合立面"的概念，即将各种功能技术元素整合在单的建筑外围护结构上，以此达到节能、利用可再生能源的目的，同时可以充分保证建筑内部的使用者与外界自然环境的视觉感受和心理交流。采用"整合立面"设计的例子是英国新国会大厦项目，其最大特点是将遮阳、采光、通风、保温和降噪等技术整合在起，改变了常规意义上建筑外围护结构的重要组成部分——建筑立面的功能单一的模式，即一种建筑立面构成元素，同时行使着多种功能：遮阳构件同时可以通过调整角度等，利用表面上涂敷的集热材料，在冬季时候，作为建筑被动太阳能集热构件使用。"整合立面"的设计概念应该看作是建筑围护体向建筑之"皮肤"迈进的一步。

　　基于这种理解，肌理将会自然而然地成为一个视觉表现与构造及调控技术的结合点，成为建筑艺术与技术的接口。在大部分旧建筑改造设计中，设计师们使旧建筑原有的特征和材料裸露地保留下来。于是我们看到了裸露的砖墙，斑驳的混凝土梁和楼板、生锈的管道和设备。

　　肌理成为"形式"的载体，设计师们最为关注的不是整体"造型"，而是这众多物件的新旧材质之间肌理的对比。为了追求肌理的表现力，一些设计师业剥去了被旧建筑不同时期粉刷的面层，以显现砖或混凝土的斑驳和柱身的锈渍，甚至投入极大的精力和乐趣在二手场上发掘废弃的旧设备、旧门窗和磨损痕迹明显的家具。还有的设计师把原有的材料经过处理变为一种混杂的肌理。

（二）尺度再构成

　　尺度是人与建筑空间在体量上的一种关系，不同的尺度可以给人在视觉上、心理上产生不同的影响。尺度是我们从历史和地域的模型形式中抽象出的"原型"之一。在建筑设计中，尺度问题贯穿于整个过程和一切方面。一切的实际存在都涉及具体的量度问题，建筑师要通过量度表达从多方面实现建筑与人的沟通。尺度的差异，可以表达雄伟宏大、朴实亲切、细腻精致等不同的美感。尺度不仅是量的表达，尺度在与不同的建筑内容与不同的形式因素相结合的过程中，所传达的信息大大超出量度表达的范围，建筑师可以通过尺度处理实现对各种表现效果的追求。尺度连续是界面连续的一个重要方面，人们无形中会把同样尺度关系的物体组合起来感知。

（1）尺度不变，保持场所的连续性。同一空间领域或地段的建筑界面保持相近的尺度可以使整个空间的尺度易于感知和把握。例如法兰克福工艺博物馆，在确定扩建部分的立面设计时就使用了旧建筑的开洞模式，且通过改变细部比例关系使新旧建筑融为一体。虽然这种连续性最终只是停留在抽象的视觉比例，但仍然可以让人感受到新旧建筑之间场所精神的连续性。

（2）放大或缩小尺度。放大或缩小的尺度可以淡化人们对内部空间的印象，例如放大的入口和中庭空间，可以使人们的行动如同在外部空间一样自由灵活。

（三）路径生成

路径本身是一种线状空间，可以划分不同的空间单元。路径可以分为两种基本类型：平面路径和空间路径。不同路径的加入创造了多样性的观察点，并具有"看与被看"的双重属性。平面路径又可分为水平路径和垂直路径。水平路径常常表现为走廊，而垂直路径表现为楼梯、坡道、电梯、自动扶梯等。例如，由光明城堡改建的海洋博物馆，设计的首要任务是展示它自己和它的历史，因此将扩建的部分简化到最小，主要是增加各种交通方式，包括：楼梯、电梯、走廊及插入外墙的人行桥。

空间路径具有三维的特征，通常由水平路径和垂直路径复合而成。水平路径和垂直路径在每层位置和形态上的差异越大，空间路径的自由度越大。

（四）中心重塑

在旧建筑再利用设计中，改造空间最大的主要是对公共空间和交通空间的改造。原有的建筑空间狭小闭塞，空间上和视线上均缺乏流通，空间没有交往所需要的"聚"的氛围，不能满足交往的需要。在旧建筑空间的改造上，重塑场所中心具体有以下三种方式：

（1）拆除墙体形成场所中心。墙体是空间竖向围护和支撑要素，限定空间的边界和区域范围。这里的墙体指的是空间内部起分割或结构作用的墙体，墙体的材质、肌理记录了空间的原有风格与形式的历史变迁和使用状况。墙体的变动主要包括墙体开洞、墙体拆除、加入内部隔墙等措施。通过墙面开洞，可以获得室内视线和空间体验以及交通的通畅，拆除内部墙体可以获得较大的室内空间，加入内部隔墙则可在较大的空间内划分出小空间，提供半私密和公共空间的不同需要。砖与石是建筑的主要材料，材料的坚实感和粗糙的文理，形成封闭单一的空间形态。在砖墙上开洞，使原先封闭，隔离的小空间打开而成线形的水平交通空间，形成了动态、流动和开放的新空间。对原有的交通空间加以改造。如果要打通的墙体为承重墙，则开口的宽度应有一定的限制，须对开口处采用结构加固措施，在设计中应与结构工程师紧密合作。

（2）加入墙体围合出空间的中心。垂直墙体的一个重要用途，就是作为维护体系的支持要素，当把墙体分化大空间时，常带有强烈的方向感、肌理或秩序。在大跨结构或开放连续的空间中形成分别适合个人或群体尺度的私密性和公共性的空间。

（3）内外空间反转——消极空间变为积极空间。将外部空间变为内部空间，是将内外空间关系作"图与底"反转，变消极空间为积极空间，使原有的空间有了中心，加强了空间的凝聚力，赋予全新的场所意义。

第四章　旧建筑空间改造与设计模式

第一节　旧建筑内部空间的改造再利用

一、旧建筑内部空间改造再利用的语言

旧建筑改造的意义已经超过了对建筑物本身的利用，需要尊重业已存在的建筑环境和社区，这种尊重是通过创造性的挖掘原有建筑内涵，并结合适当的现代建筑语汇加以表达来实现的。事实上，现代建筑思潮的种种技巧如今已经人都被广泛地应用到旧建筑改造设计当中，优秀的设计则表现出各种风格手法的综合运用。同时也要看到，建筑形象和建筑语言并不是目的，新旧环境共同围合形成的空间才是建筑师所追求的最终目标。

（一）高技表现

当代的建筑潮流中高技术思想已经深入人心，从早期探索玻璃和钢的材料表现力，到现在的生态高技和技术美学，高技术思想已经渗透到建筑设计的各个领域，玻璃和钢为表现素材的建筑就是公众对现代建筑的朴素理解，然而高技建筑材料的大众化使得它们在城市环境中并不突出。在旧建筑内部空间改造中，玻璃和钢材等现代材料的运用，与旧建筑富有"沧桑"的质感容易形成鲜明对比，有利于表现新旧的更替和融合因而被广泛采用。

（二）混凝土表现

当代建筑师对于混凝土表现力的探索是前所未有的，已经探索出了比较成熟的混凝土表现方法，使得混凝土材料成为和砖、玻璃同等重要的表现素材。现代建筑多以钢筋混凝土结构为主，许多破败的旧建筑都会袒露出其混凝土的质地，展现出特有的粗糙质感。改造建筑师不再强调混凝土作为结构

材料的内在逻辑，而是强调其作为承载过去状态的精神内涵。此时混凝土被因地制宜成为建筑表现的中心，成为逻辑概念的确定命题。

（三）木结构表现

现代人对木材有着深厚的感情，不但是因为木材的"绿色"质地特性，也是因为建筑的木结构曾是建筑历史发展的主要线索。和混凝土一样，很多旧建筑都会有木结构暴露出来。木材材料和结构的强度与混凝土相比更不容易耐久，所以能保留下来就显得弥足珍贵。如果说混凝土材料给人以厚重沧桑的感觉，那么木结构给人的则是宁静的空间印象。破旧的木结构的集合（有些木结构可能已经失去了木结构的属性）成为改造设计的逻辑表述的命题。

（四）异性体表现

早期解构主义建筑热衷于异性体的创作，按照其自身系统的逻辑关系生成了很多建筑，拓展了人们对建筑的传统印象，也预示了建筑的多种可能性。而许多旧建筑的空间和结构大都矩形平面、单调呆板，显得规整有余而生气不足。但这为旧建筑改造寻找一个新旧结合的契合点：即在规则的既有空间中增加活跃空间的形体元素。

（五）构件雕塑化表现

在建筑空间设计中雕塑的作用显而易见，70年代贝聿铭在东馆入口空间设计时，配合亨利摩尔的雕塑让人们耳目一新，北京SOHO现代城住宅室内也有一些行为雕塑让建筑增色不少。雕塑不但是构成，同时也留给人们许多回味和思考。

由于一些旧建筑的历史特殊性，比如工业建筑中的设备和一些特殊构件，它们实物的继续存在就是对历史和文化最好的追忆。建筑师便利用这一特性进行创作，将其雕塑化处理，著名的伦敦泰特艺术馆中庭就保留了工业建筑遗留设备，丰富了空间。当然，建筑师需要突出重点、整体设计以获得内涵的空间。

（六）极少表现

现代建筑的极少表现类似于中国写意画的留白。在旧建筑改造方面，仅在美国纽约SOHU区的更新改造中集中了大量极少表现的设计。SOHO区的住宅大都利用早期工业建筑改造成居住建筑，建筑师尽量保留原车间或仓库的宽敞空间，以"空"的韵味取胜，也表现了业主平静典雅的情怀。

二、旧建筑内部空间改造再利用的空间模式

内部空间的改造方法和模式虽然很多，但不外乎是大空间的破碎和小空间的重组，而实际建筑创作中更多地表现为多种方法的综合运用，以及空间的多功能使用。

（一）空间拆分

对于内部相对高大空间建筑，可以采用内部分层的处理手法将高大空间划分为高度尺度适合使用要求的若干空间，然后再加以使用。这种改造方法在技术上注重原建筑结构与新增结构构件之间的相互协调问题。新增部件应保证不对原建筑的基础和上部受力构件造成损害。

（二）重组空间

针对于一部分旧建筑空间单一尺度较小等弱点，将建筑内部部分隔墙、楼板拆除，重新组成尺度适宜的空间。若建筑为框架结构，还可将非结构性隔墙一并拆除，从而使空间联为一体，如英国伦敦潘克拉斯皮革厂改造项目就成功地运用了这一手法。对于新旧相连的建筑，可以将相连部分封顶形成局部增建或大空间。

（1）垂直重组。拆除建筑内部空间的楼板，保留梁和其它的承重构件，打破原有空间的模式，重新组成公共共享空间。多应用于空间模式单一的旧建筑改造中。

（2）水平重组。例如齐摩杰尼迪克斯公司新总部。西雅图湖区联盟蒸汽工厂建于1911年，坐落在水边，它的七个60英尺高的烟囱、面向湖水的窄高窗使这座混凝土建筑格外引人注目，内部有高大的锅炉发电机组、汽轮机以及各种管道。1989年它被评为有历史意义的标志性建筑，1992年齐摩杰尼迪克斯公司这家生物技术公司选中了这座废弃的工厂，把它改造成公司总部的办公大楼。NBBJ的建筑师搬走了不必要的设备，原有空间被水平方向和垂

直方向重新划分，利用原有高大开敞的空间重组成为适用的研究室，旧建筑内部空间得到了最大限度的利用。

（3）灵活使用。很多旧建筑完成改造以后，并不是按照设计之初的功能分区来使用，有时需要空间有限要容纳更多的功能才能满足使用者的要求。

三、旧建筑内部空间改造再利用的思路

（一）突出历史的厚重感，强调文化内涵

建筑已经从古典建筑严肃的面孔中走出来，取而代之的是一个千姿百态的世界，如果再单纯地用传统的形式语言去打动专业人士和大众将非常困难，图书市场的红火即证明了渴望新知的潜在人群。有内涵的建筑符合当代人的审美习惯。对于见多识广的业主和大众，与其提供给他一个建筑形式还不如给他讲述一个故事更有吸引力，旧建筑本身就见证过历史，身处其中你可以呼吸到历史的味道。

也许只有在能听到历史回音的场所，静静的独处一会儿才能感悟到前人在血与火中凝结的思想和智慧。这时候建筑已经不再是形式本身，它更是时代的缩影。做到能聆听历史的声音已经是难能可贵，不过我们不可能一直生活在历史当中，旧建筑要想拥有长久的生命力必须要注入新鲜血液，符合当代的生活习惯。

（二）综合利用现状，强调新旧之间的逻辑性，整体设计

改造之所以不是重建本身就蕴含了新旧之间的必然联系，前文已经阐述了改造设计的过程其实就是逻辑思维抽象的过程。建筑的存在是动态的过程，改造设计顺应了建筑"动态"的特性，进行挖掘旧建筑结构的逻辑，形式的逻辑，环境的逻辑，完成重新整合条件的过程。城市，少一些美学，多一些伦理。从空间元素的新与旧、空间结构的新与旧、空间意义的新与旧关系入手，表现建筑空间的生长亦是旧建筑内部空间改造应对思路之一。

（三）借鉴其他学科的优势丰富建筑的亮点空间

学科之间的相互影响是当代科学的重要特征，吸取其他学科的相关知识

表现建筑，扩展建筑的深度和广度，是未来建筑的发展趋向。挖掘其他学科的技术力和表现力，改善旧建筑空间的效果，同样可以创造出有说服力的空间。

（1）新材料的运用：现代建筑观念不是特别强调古典的形式美法则，成功的建筑作品有些就是对建筑材料和结构的探索，日本建筑师坂茂的建筑空间很简单，但其对纸结构的探索尝试却令人称道。

（2）结合艺术的改造：很多旧建筑内部空间界面并没有明显特色来激发建筑师的灵感，这时空间改造只是整个改造工程的基础阶段，方案的深化过程往往结合艺术、文学等手段从而渗透出更人性化的设计。此类型的改造突出艺术气息和文化内涵，建筑和艺术相结合共同阐释场所的本质和主人的审美品质。

四、旧建筑内部空间改造再利用的结构变更

旧建筑内部空间改造再利用涉及的技术型问题非常复杂，通常需要考虑建筑结构和设备等诸方面的技术可行性，主要是因为功能的改变引起结构体系的变化，导致传力线路发生改变，其中承重结构的强度和稳定性是基础，改造的难点是结构计算模式的选定以及新旧结构构件连接处的构造处理。建筑师需要对原有的结构、材料充分利用，对原有结构测试分析，制定出对墙体和屋面等加固和修补方案。

（一）加固旧建筑的维护结构

旧建筑由于年久失修，维护结构的性能会大大下降，尤其是防水、抗风化、强度等性能需要改善和提高以保证建筑的持久性。首先要做的是进行细致的基础性调研，准确评价建筑的状况，找出结构性能下降的原因，然后进行有针对性的处理，杜绝人为性直接间接的破坏，最后通过化学、生物、材料等技术运用达到安全使用的目的。

（二）修改原有的建筑结构

以北京五洲大酒店东楼改造为例：北京五洲大酒店地上18层，建筑面积5万平方米，由于功能更新需要对其进行全面更新改造。改造设计的大堂要

求宽敞明亮，结构上需要将一、二层6根直径1米和2根0.8米×0.8米的方柱、以及首层部分梁板拆除。为此，设计采用首先加固控制结构变形、然后拆除的办法。

通过对现有结构分析计算和几种不同方案的对比，建筑师决定为从地下二层至地上设备层共五个楼层采用外包钢和增大断面法进行整体加同，并在设备层将原有墙面外包加固成巨型预应力转换大梁，在大堂左右两侧加强原有抗震墙，增强抗震能力。通过凿毛结构面，增设柱内钢板箍、梁内型钢销和墙内对拉锚筋等措施，加强新旧混凝土之间的共同作用。

（三）采用全新独立的结构承重体系

以上海新天地LA Maison改造说明，传统的里弄建筑开间很小，砖木结构，外墙承重。改造之后的新天地以休闲娱乐功能为主，需要开敞的空间，承重荷载要求较高，原有建筑承重体系远不能满足使用要求，改造的模式差不多都是采用内框架结构与原有的结构体系脱离，加筑全新混凝土的梁柱承重或是钢结构承重。在LaMaison改造中，建筑师拆掉了原有的屋面瓦，内部空间的结构体系完成之后重新铺盖屋面材料。暴露在最外层的还是经过防水处理的传统瓦片，其下面铺设现代的保温材料，同时把空调机组隐藏在坡屋顶下面，取得了良好的第五立面形象。

第二节　旧建筑室内外转换的空间设计与建造

一、旧建筑室内外转换的空间设计

（一）室内外转换的空间操作

探讨室内外转换的设计操作方法，首先要研究的是空间的设计。空间的形式、尺度和量度都依赖于人们的感知，即我们对于形体要素所限定出的空间界限的感知。所以，室内外转换的空间设计首先是指通过对限定要素的改造，直接塑造新的空间体量，表现为对旧建筑室内空间体量的增加或者削减。从人的使用角度来看，增加或削减的空间体量可能是作为强功能空间，也可能是弱功能空间，还有可能是没有明确功能的空间，而仅仅作为一种空间表现。

1.室内空间室外化的空间操作

室内空间室外化的设计，即室内空间体量的削减。可以应对功能置换后行为活动的内容和范围缩小，活动流线改变等问题，有以下空间操作方法：

（1）去顶成院。去顶成院的设计方法是指将旧建筑的全部或者部分屋顶结构拆除，从而形成中庭、院落空间，构成新建筑的外部环境。这种改造方法适用于单层建筑的改造或者顶层的改造。

去顶成院的一种类型是将既有建筑内的中庭屋顶拆除形成室外庭院，这也是去顶成院最常见的形式。还有一类去顶成院的改造部位并非建筑中庭，而是原有建筑中其他的主要功能空间。

去顶成院的室外空间室内化改造方式对于将大空间分解成为多个小型的室内空间非常有效，因而这种空间操作在厂房改造为办公、学校等小尺度建筑中经常使用。

（2）侧面拆除。侧面拆除是指将旧建筑中全部或者部分的侧围护界面拆除，从而在原有建筑的侧面形成室外空间。拆除侧围护界面之后，有时需要重新构建室内外气候边界，往往会形成"负形"的室外空间。

一种类型是通过界面拆除将原有建筑变成室外空间，成为城市功能空间的一部分，建筑自身失去了使用功能。

另一种类型是将原有界面拆除，重新定义全新的使用空间。例如在将原有建筑完全转换为室外空间后，通过新空间的插入容纳使用功能，原有的建筑空间成为新空间的外壳。

（3）边界收缩。边界收缩是另一种室内空间室外化的改造方式。即通过将建筑的围护界面向内收缩，缩小室内空间的体量，将一部分空间外化，在原有建筑的边界处形成室外空间。最常见的类型为生成室外阳台、外廊等。

通常情况下，将建筑立面打开有两种做法：一种是将立面的封闭厚重的墙体置换成轻盈通透的玻璃；另一种方式就是在建筑靠外墙一侧创造出阳台、外廊等增强内外空间沟通的空间。其中，第一种方式是材料的改变，是从视觉的角度将立面打开；而第二种方式是空间的重新设计，是从人的行为活动的角度将立面打开。

（4）实体挖洞。实体挖洞的改造方式是在既有建筑体量的某一位置，通过挖洞的手法，将一部分室内空间转化成为室外空间。挖洞的位置可以是在顶部或者侧面，因而可以在原有建筑的任意位置生成室外空间。由于挖去的体量完形、边界清晰，因此生成的室外空间为"正形"的积极空间。

实体挖洞的改造方式经常被用在地下空间的改造中，使得地下空间也能够拥有自然的室外空间环境，对地下空间品质的提升作用显著。同时在改善通风采光、解决交通流线等实用功能上的问题也卓有成效。

（5）底层架空。底层架空的改造方式是将建筑底层室内空间室外化的改造，通过将建筑物整体抬升或者将底层的围护界面拆除，从而实现底层架空。改造后地面空间被释放，形成底层与基地环境的连续性。

典型案例就是马德里凯撒广场文化中心的设计。改造设计的方法是将原有发电厂建筑进行结构转换，然后将首层架空，建筑的主要使用功能体量与地面分离，于是原本是室内的底层空间被打开，形成了一个有顶的广场，于是这部分空间成为城市生活的一部分。

2.室外空间室内化的空间操作

室外空间室内化的设计实际上是室内空间体量的增加。可以应对功能置换后行为活动的内容和范围增加，活动流线变化等问题。有以下空间操作方法：

（1）加盖屋顶。对于室内外空间的界定就是有无屋顶。而人在对一个空间进行判断时，首先参考的要素也是顶界面的有无。实际上，在对室外空间进行室内化改造时，最常用的设计手法即是增加顶界面，从而将室外空间纳入室内来。加盖屋顶的改造方式适用于单层建筑改造或者建筑顶层的改造。

附加顶界面的方式多种多样，其中运用最多的一种方式就是将原有建筑的室外庭院加顶改造成为室内空间。除了院落加顶外，还有一种加盖屋顶的改造是在建筑之间的缝隙处加顶。将院落或者建筑之间的缝隙进行加顶时，需要注意加顶后的空间是否需要自然采光，如果这一空间作为主要使用功能时，顶部尽量选用透光材料。例如玻璃屋顶或者膜结构屋顶等。当建筑物之间的空间较大不再是缝隙时，在建筑之间的空间加盖屋顶可以产生一个较大尺度的空间，容易营造出城市空间感。

（2）边界扩展。如果将围合空间的要素进行拆解，那么限定空间的边界就是区分空间内外的元素，如果将这个边界向外拓展，那么这个空间体量就被增加。边界扩展的改造方法与边界收缩的改造相反，是将建筑的围护界面向外拉伸一定距离，在建筑物的边界处将室外空间纳入室内。

（3）空间附加。空间附加的空间操作是指在旧建筑的外部附加新的空间体量，不同于边界扩展强调对围护界面推移形成空间的增加，空间附加的操作方式中，新增的空间体量相对独立，在形式上也更加自主。新增空间和既有建筑空间是邻接的关系。这种操作方式中，由于新增的部分通常是一个完形的空间，所以常被用来容纳某一种特定的独立功能。

最常见的空间附加方式就是在建筑的侧面将室外空间纳入室内，以实现空间容量的增加。

（4）实体穿插。新增建筑空间与既有建筑的空间除了形成邻接的关系外，还可能是穿插的关系，而使得新增空间的部分容积与原有建筑的容积重合。在将建筑室外空间室内化改造中，运用实体插入这一空间操作方法时，不仅能够解决功能使用上的问题，更能营造独特的空间，而在空间营造中，实体插入后形成的穿插部分空间设计是重点。实体穿插的空间操作强调改造过程是对旧建筑的创造性"重写"过程，既有建筑空间和室内化操作而来的空间之间并非一种对立的关系，而是共同构建出新的建筑空间。

（5）外部包裹。外部包裹是另一种室外空间室内化的设计方法，即保持原有建筑的基本形态，而在旧建筑外部通过覆盖、包裹的方式，增加新的空间。

这种空间操作的典型案例就是伯纳德·屈米设计的法国勒弗诺瓦国力现代艺术中心。建筑原有功能为一座被称为"娱乐宫"的礼堂和其他几栋极其相似的建筑，原有建筑呈现出分散的状态。这组建筑被功能置换改造成为里尔市多媒体工作者的中心，改造后的建筑内有艺术学校、视听研究中心、制作中心、展览、宿舍、餐厅等功能。改造设计在原有的建筑群上方覆盖了一个巨大的金属屋顶，屋顶在北立面折下，巨大的外壳将原本分散的建筑群组织在一起，重新整合成一个具有多功能空间的大盒子。这一设计的基本模式其实是一种套匣的结构，覆盖建筑物的巨大顶棚构成外部盒子，塑造了一个具有现代感的立面，而在金属顶棚下才是作为主要使用空间的老建筑和新建筑。

新的屋顶将老建筑包裹后，一方面，其下部的空间为机械设备、楼梯等提供了空间；另一方面这一空间本身成为交流休闲空间，即便是原建筑的屋顶也成为连接各个房间的通道，借助天桥和老建筑的屋顶，人们可以方便地到达建筑的任何角落。这座改造后的建筑不仅是一个学校，还包括为当地群众服务的电影院、展览馆等空间，所以从本质上说，它需要对外界开放，让每个人都可以接触利用它。而外部包裹的空间操作下形成的空间正好应对了这个需求。

还有一类外部包裹的方式是采用"空间化表皮"的设计方法，在既有建筑的外部包裹表皮，形成表皮和原有建筑内部之间的使用空间。这不仅是立面的改造，同时作为一种室外空间室内化的改造产生了表皮内的使用空间。

（二）室内外转化的空间组织改造

建筑设计包含两方面内容，即单个独立空间的设计和空间之间的组织。对于功能置换型旧建筑改造，当行为活动的先后次序和流线发生变化时，空间之间的组织就要进行相应的改变。

多个空间之间的组织模式可以从多个方面考察，如空间之间的位置关系，空间之间的组合关系，空间之间的通达程度和交通方式等。室内外空间转换的设计是通过建筑室内空间体量的增加或者削减实现的，因而是通过改变空间之间的组合关系来实现空间组织方式的改变。

对空间的组合进行分析，将两个空间的关系分为四种类型：空间内的空间、穿插式空间、邻接式空间和由公共空间连接的空间。这四种类型都是两个空间产生关联的情况，实际上还有两个空间之间没有关联的情况，称为相互独立的空间。因此，空间之间的组织关系可以分为两个大类：即独立式空间和关联式空间。

运用室内外空间转换的改造设计方法，可以对空间组织关系进行三种类型的改造：独立式空间改为关联式空间、关联式空间改为独立式空间和空间关联方式的改变。

1.独立式空间改为关联式空间

独立式空间改造为关联式空间的关键是使原来没有联系的空间产生联系，是一种整合的空间操作。采用室外空间室内化的操作方法。从使用上来说，就是使空间之间具有连续性，以适应序列性功能或者其他紧密联系的功能。通过室内外空间的转换将独立式空间改造为关联式空间的操作方法是将一部分室外空间室内化，使这个室内空间将原本相互独立的空间联系起来。

独立式空间改造为关联式空间的第一种类型就是独立式空间改造为邻接式空间。典型的案例是美国底特律的霍普高级技术中心。改造前的建筑是1830年建造的厂房，具有厂房建筑中常见的锯齿形天窗。改造之前，一侧三层高的建筑与联排厂房之间有一道生硬的分界线。改造过程中，建筑师通过加高厂房建筑和多层建筑之间的屋顶，将室外空间进行室内化的改造，创造了一个通高的中庭.使改造后的办公空间和生产空间紧密联系起来，可以从中庭的看台看到生产空间的全貌。独立式的空间组织方式改造成为邻接式空间，意味着功能之间的联系成为可能。

独立式空间改造为关联式空间的另一种类型是独立式空间改造为公共空间连接的空间。这种类型与独立式空间改造为邻接式空间的区别在于，改造之后不仅是相邻的空间产生关联，多个空间通过与公共空间联系而产生空间之间的关联。

2.关联式空间改为独立式空间

关联式空间改造为独立式空间是将原本紧密联系的空间分解为相互独立的空间。采用室内空间室外化改造的操作方法。从使用上来说，是增强各个空间之间的独立性，也可以增加某一功能空间的气候边界，加强空间与室外环境的接触。

创盟国际办公楼是将关联式空间改造为独立式空间的案例。原有厂房为连续的三跨坡屋顶的结构，三个空间相互关联。在改造成办公空间的过程中，中间的一跨厂房被拆除，形成院落。形成两个相互独立的空间，分别作为办公空间和展览空间。在这个设计中，关联式空间改造为独立式空间的原因有两个方面：从功能上，展览和办公功能在使用上不是紧密联系的，是可分可合的关系，因此这两类空间可以是关联式空间，也可以是独立式空间。而在整个建筑的空间布局上，建筑师期望营造院落式的办公空间。此时，通过室内空间室外化的改造方法，将办公和展览空间设计成独立式空间，而在中间留出院落就即满足了功能的要求，又符合了新的空间概念。

3.空间关联方式的改变

通过室内外空间改造改变空间组织的另一种类型是改变空间之间关联的方式。

瑞典皇家工学院图书馆通过室外空间室内化的改造方法，将邻接式空间改造为由公共空间连接的空间。原建筑是学校的实验楼，由两翼的实验用房和连接两翼的圆形锅炉房组成，成角度的两翼围合出一个三角形的室外庭院，老实验楼在空间构成上是邻接式的空间。将这一建筑功能置换成为学校的中心图书馆面临两个问题，首先是新的图书馆需要一万米长的书籍陈列空间和约500个阅读座位，原有建筑在空间容量上不能满足；其次，原有建筑的空间形式对于新的使用来说流线过于冗长，联系不够便捷。改造设计采用室外空间室内化的设计方法，首先在两翼的尽断面向街道一侧增加一个三层的体量作为入口门厅和办公空间，将原室外庭院的开口封闭起来，然后将室外庭院加顶改造为室内中庭。

改造后空间的组织由邻接式空间改为了由公共空间连接的空间，读者从门厅进入中庭后方便到达建筑的各个部分，改造后的流线被缩短了，给使用带来了便捷。同时，这一空间作为书厅也解决了空间容量上的问题，三层通高的书厅内部设置休闲交流空间，使图书馆具有了公共性。

（三）改造后的室内外关联

通过室内外空间转换的改造设计，将原有室内空间改造为室外空间或者将原有室外空间改造为室内空间，意味着建筑室内外的关系需要重构。室内外关联包含两个方面：共时性关联和历时性关联。共时性关联是指在同一时空条件下的室内外关联，即改造之后的室内空间和室外空间在空间上的关联。对于功能置换型改造而言，对于空间的体验还多了一个"时间"维度。换言之，当对旧建筑进行室内外转换的改造之后，体验者对于室内外关联的体验除了来自空间上的室内关系外，还来自时间上改造之前和改造之后同一处空间在内外属性上发生的转变。当体验者在改造后的室外空间还能感受这个空间在改造之前是室内空间，或者在改造后的室内空间还能感受到改造之前的空间为室内空间时，则称为室内外空间具有了历时性关联。

1.共时性关联

室内外空间的转换实际上是通过空间体量的削减或者增加而实现。那么在改造之后的建筑中，这部分增减的空间就是相对于原有建筑新产生的空间。需要说明的是，这个新增空间是基于原有建筑空间之下产生的新的空间。除去改造之后的建筑没有了室内空间这种情况，改造后建筑就形成了"原有建筑室内空间+室内外转换的空间"这样的空间构成，这部分室内外转换的空间可以为室内空间或者室外空间，是作为原有的室内空间和室外空间之间的过渡存在的。因此，这部分新增的空间对于改造后建筑的室内外空间关系营造具有至关重要的作用。

对于这个进行室内外转换改造的空间，就存在两种情况：一是这个空间是一个室内空间或者没有任何维护界面的室外空间，这种情况就相当于原有建筑中的室内空间就直接放大或者收缩了，室内外空间之间的关系就直接取决于新增空间的界面设计；二是这个室内外转换改造的空间具有内外模糊性，那么此时这个模糊空间就成了室内空间和室外空间之间的中介空间，成为室内外之间的过渡，通过对这部分空间重新设计，就可以创造出内外连续的空间关系。

综上所述，建筑改造中通过室内外空间转换的设计，可以形成内外对立和内外连续两种空间关系。

2.历时性关联

要使得改造之后的室内外空间产生历时性关联,就是使体验者能够感受到改造之前的空间内外属性状态。具体而言,就是在改造后的室内空间里可以感受到改造之前此处为室外空间,相对地,在改造后的室外空间里可以感受到改造之前此处为室内空间。如果希望室内外转换之后的空间,表达室内外空间的历时性关联,需要对原有建筑中的一些元素进行保留,并且这些保留的元素能够提示改造之前的内外空间状态。通常会采用以下方法:

(1)立面形式的延续。建筑立面是在面对城市一侧的外墙面。外立面通常相对于内墙面有更丰富的造型、构图设计。对于古典建筑而言,外立面复杂的装饰,线脚更强化了其与面向室内空间的墙面有所不同。当人们看到外墙面时,就会感知到自身处于室外空间当中。当对旧建筑进行室外空间室内化的改造后,如果还延续原有建筑的外立面形式,就会提示空间的使用者此处在改造前是室外空间,而使人产生内外两种空间感受。实现改造前后室内外空间的历时性关联。

(2)建筑构件的保留。改造过程中,对原有建筑中某些建筑构件进行保留是另一种实现室内外空间历时性关联的方式。保留的建筑构件应当能够提示空间的室内外属性。例如,窗户通常是开设在外墙上,当将建筑的室外空间转换为室内空间后,还保留外窗,就提示了改造前空间为室外空间。又如在将室内空间转换为室外空间之后,保留原有建筑的结构构件,通过这些结构构件提示空间改造之前为室内空间,从而实现室内外空间的历时性关联。

(3)建筑材料的暴露。建筑材料的暴露主要是对建筑外围护界面材料的暴露。建筑的外墙材料、地面材料在面对城市一面和面对室内的一面往往是有区别的。通过建筑材料的暴露,提示改造前的空间内外属性,从而实现室内外空间的共时性关联也是一种常用的空间表达方法。

二、旧建筑室内外转换的建造

在建筑改造设计中，与空间概念同等重要的是充分运用现代的建造技术，将这一概念落实到实际工程项目中。将工程技术与空间艺术结合，才能形成完整的结构。而对于改造类项目而言，新的设计是建立在既有建筑之上的，而非从零开始。因此，在设计时就必须考虑旧建筑中哪些部分可以保留，哪些部分需要增加；保留的部分怎样保留，增加的部分怎么增加；保留的部分和增加的部分以何种关系呈现。

原始住宅的四个基本元素为：基座、构架和屋顶、外墙、壁炉。参考这种分类方法，基座、支撑构架和屋顶是建筑的本体，可以理解为建筑的骨架——支撑结构；外墙反映建筑空间的限定，可以理解为建筑的表皮——围护界面。而在建筑改造中，实现空间虚体的改造要通过实体要素——即支撑结构和围护界面的改造来实现。

建筑的改造在技术操作层面上不仅仅是结构选型和材料选择的问题，同样是一个创新型的设计过程。技术操作需要建立在空间概念上，并且彰显空间概念，才能实现"设计"和"建造"的同一性。

（一）室内外转换的支撑结构

1.支撑结构设计的影响因素

（1）空间设计。对旧建筑进行室内外空间转换时，支撑结构的设计首先直接来源于改造设计的空间概念。当既有的支撑结构能够满足空间改造的需求时，可以保留原有的支撑结构不做结构改造。当既有的支撑结构不能满足空间改造的需求时，需要对原有支撑结构进行改造。改造的具体操作手法则取决于具体的空间设计方案。支撑结构的改造对于空间设计的适应包括两个方面：第一，通过改造使新的空间获得结构支撑，从而使空间概念能够落实到实际；第二，支撑结构的设计不仅仅是一种技术手段，还要与空间表现相吻合甚至加强空间的表现。

（2改造目标。对于旧建筑改造而言，对于支撑结构的设计还与改造的目标相关。一种类型是改造的目标是为了保护并且更好地展现原有建筑，另一种类型是改造是以再利用为出发点，因而更加强调新的使用。换言之，历史文化因素是另一个影响支撑结构设计的因素。对于历史建筑或者有保护要求的建筑而言，结构改造设计需要遵循最小干预和可逆性原则，为之后恢复原状或者重新再利用提供可能。如果要在原有的建筑结构上增加新的结构，还需要考虑荷载的增加，整体传力体系的变化，新结构不应给原有的结构增加负担，而且尽量能够起到加固原有结构的作用。另外，对于一些有历史文化价值的建筑，结构的改造还需要具有可识别性以保留历史记忆。总的来说，对于以保护和展现为目标的改造中，在进行室内外空间转换时，对于支撑结构改造的制约因素较多。相反，对于没有保护要求，以强调新使用为目标的改造中，支撑结构的改造相对来说较为自由。

（3）施工因素。改造设计由于不是在空白场地上展开的，因而施工条件会受到一定的限制，这也影响到支撑结构的设计。举例来说，在位于康士坦茨的一个书店位于旧城区的狭窄地段，改造设计是将室外的"后院"改造成为明亮的书店。由于改造设计的场地极其有限，既无法容纳吊车，又不能堆放建筑材料和其他工地设备。因此改造设计采用了钢结构，以便于在现场以相对较快的速度安装。在安装的过程中，共使用了两次（每次90分钟）直升飞机来协助作业。

（4）经济因素。支撑结构的改造设计还受到经济因素的影响。合理的结构改造设计方案有利于降低造价，对后期的维修和管理也有一定的影响。

2.支撑结构设计的类型

在室内外转换改造过程中，对于支撑结构的设计分为两种情况：一是保留并利用原有建筑的支撑结构，不做改动，仅通过围护界面的重新设计实现室内外空间的转换；二是原有建筑的支撑结构需要进行改造才能达到室内外转换的目的。相对于第二种情况，保留利用原有建筑支撑结构在建造施工上更加方便，经济上更加节约，因而是优先采纳的结构设计方式。

当需要对原有建筑进行改造时才能实现室内外空间转换时，结构的改造又包含了两方面的含义：一是指改变原有建筑的整体结构体系，例如将砖石结构的建筑改造为框架结构，将框架结构的建筑改为悬挂结构等；二是在原有结构体系的基础上，在局部进行构件的增减，调整建筑的支撑结构，使之适应新的建筑功能要求和空间需要。

支撑结构的改造设计可以分为四种类型，分别是：利用原有结构、拆减原有建筑结构、增加新的建筑结构以及用新结构置换原有旧建筑结构。

（1）利用原有结构。利用原有结构是室内外转换改造中支撑结构设计的基本类型，即完全保留并不改动原有结构，仅通过改变围护界面设计的方法来实现室内外空间的转换。当原有的建筑结构老化或者承载力不足时，有时需要的原有结构进行加固处理。这种类型的结构设计在经济上较为节约、施工上较为方便，通常是室内外转换改造中优先考虑的结构设计方式。另外，有时在利用原有结构的同时，还会将原有建筑结构特色展现出来。

（2）拆减原有结构。对建筑结构进行拆减是结构改造的一种常见方式，是指对部分结构构件或者建筑结构中的一部分进行拆除。从室内外空间转换的方面来说，这种结构改造通常用于建筑室内空间的室外化。设计师对结构进行拆减操作前，需要考虑旧建筑结构中，力的传递路径是什么，对结构进行拆减后，原有建筑的受力体系是否会遭到破坏。例如：目前的建筑改造中，旧建筑通常是框架结构建筑，那么当需要将建筑底层的进行室内空间室外化的改造时，拆减底层结构可能会导致建筑失稳，而拆减建筑顶层结构则相对容易。因此，建筑师在运用结构拆减的改造方式时，应与结构工程师积极配合，以保证改造后结构的稳定性。

第一，构件的拆减。构件的拆减是指将建筑结构中的某个或某几个单独的受力构件进行拆除，使之适用于改造后新的建筑空间。拆除后，对原有建筑的受力体系不产生影响，或者通过适当的结构加固手段，能够保持建筑整体的稳定性。

第二，部分体系的拆减。结构体系的拆减是指将旧建筑中的一部分相对独立的结构体系进行拆除，拆除后对剩余的结构体系稳定性没有影响。可以用于室内空间室外化的改造中，减少建筑的室内使用面积和体量。

（3）增加新结构。结构的增加是指在原有建筑结构的基础上，新增一部分建筑构件或结构体系，并使之与原有结构成为整体。从室内外转换的改造目的来看，这种结构改造的方式通常用于建筑室外空间的室内化，使得新增的室内空间获得结构支撑。从新增结构和原有结构的关系上来看，结构的增加分为三种类型：新旧结构相对独立、新旧结构搭接以及旧建筑结构支撑新结构，这三种类型的新结构独立性逐渐降低。

第一，新旧结构相对独立。新旧结构相对独立的结构增加方式是指，新增加的建筑结构在受力上完全独立。这种结构改造方式最大限度地保证了原有建筑结构的完整性和独立性，经常用在历史建筑的改造中，体现对旧建筑的尊重。一些建筑结构本身不完整或者承载力不足时，若要进行室外空间的室内化改造，也会采用新旧结构独立的方法。

第二，新旧结构搭接。新旧结构搭接的结构增加方式是指新增加的结构是一种半独立的结构：结构一端搭接到旧建筑结构上，另一端则直接落地。这种结构增加方式多用于在旧建筑的一侧增加新空间。通过对旧结构的搭接，新的结构中一部分荷载将传递到旧建筑结构上，同时，结构的整体稳定性也得到了增强。总的来说，这种结构改造方式对原有的建筑结构破坏也比较小。

需要注意的是，当室内外转换改造采用新旧结构搭接的改造方式时，新增的结构应当依据原有建筑结构体系生成，新旧结构体系要能够良好匹配。

第三，旧结构支撑新结构。用旧结构支撑新结构也是结构增加的一种常用方式，这种结构改造方式中，新增结构的荷载全部传递到原有结构上，通常用于竖向上结构的增加，实现非底层空间的室外空间室内化。因而，这种在这种结构改造方式中，多采用预制的轻质结构作为新的结构支撑（例如钢结构），一方面减少新增结构对原有结构产生的荷载；另一方面在改造过程中干作业通常比湿作业施工方便。在改造之前，也需要对原有结构评估，有时需要对旧建筑结构进行加固。在历史建筑的改造中，应谨慎使用这种结构改造方式。旧建筑结构支撑新结构的结构改造方式中，按照原有建筑结构构件对新增结构的作用可以分为以下三种：承托、悬挑和吊挂。其中，旧建筑结构受力分别为受压、受剪和受拉。

（二）室内外转换的围护界面

对建筑进行室内外转换改造后，围护界面也面临着重新设计：室内空间转换为室外空间后，原本室内的墙、柱等建筑构件暴露在室外，直接与室外环境接触；室外空间转换为室内空间后，则会产生新增加的建筑围护界面。相对于结构而言，围护界面区分了室内和室外，直接影响人的感知，决定了室内外转换后的空间效果。因此，围护界面的设计显得尤为重要。需要特别强调的是，在改造建筑中，围护界面的设计不同于新建建筑，如何处理新旧界面的关系是首先要解决的问题，新旧界面的交接也是设计中需要关注的问题。

1.围护界面设计的影响因素

建筑的围护界面具有两方面的作用：一方面是从使用的角度，创造一个舒适的使用空间；另一方面是从形式的角度，通过材料、色彩等方面创造出一定的视觉效果，从而彰显建筑的特征。影响围护界面设计的因素有多个方面：①围护界面的性能因素，即特定的设计条件下对建筑围护界面的性能提出的要求；②经济因素，即在一定的造价限制下，完成室内外转换改造过程中的建筑围护界面的建造，合理的选材和构造设计能够降低造价；③施工因素的影响，改造不同于新建，施工环境受到一定的限制，因此施工条件也对围护界面的设计具有影响；④表现因素，即围护界面的视觉形式表达问题。

下面从性能因素和表现因素两个方面展开：

（1）围护界面的性能因素。围护界面的性能包括保温、隔热、防水、防风、防雨、采光、隔声等方面。围护界面的性能设计直接与建筑相应空间的功能使用直接相关。围护界面的性能因素是围护界面设计中应当首要考虑的因素。

以庭院加顶的室外空间室内化改造为例，改造过程中一般采用增加轻型结构，加盖的顶界面多为玻璃界面。但在实际运用中，不可将这种常见的改造设计方法作为一种程式化的设计手段直接运用，还应结合实际改造设计中的功能使用进行设计。

（2）表现因素。在室内外转换改造的过程中，无论是室内空间室外化改造后削减的空间，还是室外空间室内化改造后增加的空间，相对于原有建筑而言，都产生了新的围护界面。这部分围护界面的设计影响着改造后建筑的形象表现。围护界面的表现因素取决于围护界面设计的表现目标，不同的表现目标导致不同的材料选择、构造和细部的设计。

第一，展现旧建筑。根据旧建筑的性质，可以分为历史保护建筑和普通建筑。对于历史保护建筑而言，改造过程中通常会侧重于保护性改造，强调原真性，围护界面的设计也以展现旧建筑为前提。而对于一般性建筑而言，有时由于其原有建筑具有独特性，空间或者界面具有特色，会在室内外转换改造过程中，对旧建筑中某些部位进行展现。

这类以展现旧建筑为目标的室内外转换改造中，对于原有的围护界面采用原样保留或是进行修复以提升性能，而在形态上保持不变。对于新增的围护界面，材料的选择通常会采用三种方式：一是统一性的表达，即改造后的围护界面从色彩、肌理、质感上于旧建筑一致或者统一，例如在改造后的围护界面在选材上模仿原有建筑围护界面的材料；二是室内外转换改造后新产生的界面采用消隐的方式退居原建筑界面之后，这种类型往往选用玻璃作为新增界面的材料；三是对立冲突性的表达，即强调新围护界面和旧建筑界面在新与旧、细腻与粗犷等方面的反差。

以展现旧建筑为表现目标的室内外转换改造中，需要注意应当反应建构的清晰和材料的真实，新旧材料的组织形式必须与其构造理性相适配。对于历史保护建筑而言，围护界面在构造设计上有时还需要具有可逆性，以便在需要时拆除以使旧建筑恢复原貌。

第二，展现新空间。与展现旧建筑相对，还有一类围护界面设计是以新空间的表现为出发点的。展现旧建筑的前提是旧建筑构件的完整保留，例如对于历史建筑，强调历史遗迹原真性的呈现，对于工业遗产，强调保留机器化的粗野美感。如果说展现旧建筑是以"保护"为前提的，那么展现新空间更强调的是"利用"。即室内外转换改造后的围护界面设计直接来源于功能的使用、空间的氛围、环境的特征等方面。此时，原有的围护界面不再需要原样保留，而可进行改造或者重新设计。

需要注意的是，"展现旧建筑"和"展现新空间"这两种围护界面的表现目标正如"保护"和"利用"这一组概念一样，不是对立的两极，而可以在同一个设计中并存。当两者不能兼顾时，可以侧重其中一个方面。而在大量普通建筑的改造过程中，是以再利用为优先考虑的问题。此时，原有建筑的价值就在于其物质实体，而改造后的围护界面则是全新的形式表现。

2.围护界面设计的类型

对于室内外转换改造后生成的空间，围护界面的设计首先面临价值判断，即这个内外转换改造的空间其围护界面中哪些是需要新建的围护界面，哪些是原有建筑的围护界面；对于原有建筑的围护界面哪些是需要保留的部分，哪些是需要拆除的部分；对于保留的部分是直接利用还是进行更新。这个价值判断的依据来源于影响围护界面设计的因素。

基于对原有建筑围护界面的取舍，室内外转换的围护界面设计可以分为三个类型：利用原有建筑界面、更新原有建筑界面和增加新界面。

（1）利用原有建筑界面。利用原有建筑界面的围护界面设计是指不仅保留原有围护界面的物质实体，同时在形态上也加以保留。采用这种设计方法可以保留旧建筑的记忆，通过将旧的围护界面融入新的空间，制造一种陌生感。需要注意的是，当原有的建筑界面在性能上不能满足新的功能要求时，需要对其进行维护或者修复。

（2）更新原有建筑界面。更新原有建筑界面是指在室内外转换的改造过程中，保留原有建筑围护界面的物质实体，而对其外观进行重新设计。这种围护界面设计手法一般用于普通的非历史建筑改造中，尤其是原有建筑的围护界面在外观上破旧但其物质实体还具有再利用价值时。通过对旧建筑围护界面的更新，使其在形式上产生全新的表达，形成新的统一的建筑形象。同利用原有建筑界面的改造一样，更新原有建筑界面的首要任务是保证改造后的界面在性能上满足要求。因此，有时需要先对旧建筑的界面进行维护或者修复，之后再进行外观上的更新。

（3）拆除旧界面、增加新界面。拆除旧界面、增加新界面的围护界面设计方法是指将原有建筑的围护界面部分或者全部拆除，在原位置或者新位置增加新的围护界面的设计方法。在室内空间转换为室外空间的改造中，经常需要用到这种方法。在增加新界面时，不光要满足围护界面性能上的要求，还需要考虑施工上的方便，这时改造项目不同于新建项目的地方。例如干作业优于湿作业，轻型结构优于重型结构，预制优于现浇等。

3.围护界面的新旧交接

（1）直接交接。当进行室内外空间转换的改造之后，新旧维护界面之间的连接，首先需要解决的是新旧界面材料之间的有效连接，新旧界面直接接触的交接方式，即直接交接，然后通过在接缝处设置保温层和防水层的方式满足构造设计的要求。此时，交接处的构造细部设计就与维护界面的材料类型息息相关。

在改造设计中，玻璃是最常用的维护界面材料之一。克利夫兰艺术博物馆改造中，在原有建筑外侧附加了玻璃盒子，将室外空间改造成为了室内空间。新增加的部分为钢结构，与原有建筑在结构上相互独立，新的玻璃屋顶由新的钢梁支撑。在交接处的构造设计上，采用直接交接的方式。首先，在原有的大理石立面上开设槽口（不破坏原有的砖石结构层），槽口内敷设防水层，然后将不锈钢金属槽锚固在槽口内。玻璃屋顶一端卡在不锈钢槽内，通过硅胶密封，使新的玻璃屋顶和原有建筑立面交接。

另一种常用的维护界面材料是金属。巴黎某艺术学校是由图书馆改造而成，原有建筑是钢筋混凝土结构。改造过程中，通过插入一些预制的盒子，将室外空间转换为室内空间，扩展了学校的使用空间。新的结构是预制的构件，通过螺栓将新的工字钢和原建筑结构连接在一起。维护界面采用金属薄板和玻璃。

（2）间接交接。间接交接是指两种界面材料在交接处，通过增设其他的建筑构件作为过渡，新旧界面不直接接触的设计方式。首先，基于不同材料的特性，以及实际的施工安装条件，有时采用间接交接的设计。其次，由于改造后的建筑作为一个整体，新增加的结构和维护界面与旧建筑并非完全没有关系。出于对原有建筑的保护，有时会采用新旧界面间接交接的设计方法。

第三节　基于场所精神的旧建筑室内改造设计

一、场所精神与旧建筑室内改造设计

（一）场所精神的基本内涵

场所精神具有两层含义，一层含义为"地方的守护神"，其为古罗马的概念；另一层含义为场所独有的氛围，这种氛围强调与守护神相连的场所精神。场所结构不仅只适合一种特别用途也不是固定永恒的，它在特定时间内还保持了特定群体方向感和认同感，即具有"场所精神"。

在人对环境的体验感受的过程中，主要表现出了"感知""认识"和"认同"这三个阶段之间的心理联系。通过对这三个阶段的认识，使人与环境之间建立适当的联系。其中，能够感觉和认知人与空间之间关系的心理阶段就是"感知"；能够熟悉人与空间之间的联系的心理阶段就是"认知"；能够分析和评价环境的质量、确认人与空间之间的情感关系的心理阶段就是"认同"。这三个阶段在人对环境体验的过程中密不可分。

1.场所精神的"感知"

从心理学分析，对环境的接受为"感觉"，辨认为"知觉"，合称为"感知"。场所精神的感知，是需要人们在空间中的明确自己的位置和建筑环境的关系，并通过对建筑空间环境的识别、储存、理解等过程来适应环境，使人们在不同邻域里体验建筑环境创造出来的氛围和条件，以及发生场所活动。其中，通过阐述建筑空间在生活中的作用，使人在环境中的变化及影响通过人的感觉表达出来，并强调建筑的空间与色彩、形式美的元素、光线与材料质感这些特性与环境感觉的关系和对建筑空间的影响。

（1）感知的过程。人们在对场所感知与理解过程中，主要需要通过视觉、听觉、嗅觉、触觉这四个方面事物进行探索并加以表达。

第一，场所的远距离感知。在整个心理学理论发展的过程中，人与信息之间的传递距离是随着从感知获得的回忆、先进的思想、推理和结构化的信息交流的过程中在逐渐增加。当一个从远距离逐渐向人们靠近的事物的过程中，人们会在无意中利用它五个感官知觉去探索这个事物，了解这个事物。

第二，对场所中个别事物的感知。人们在对于位于场所外时，通常是被能引发兴趣点的事物所感知吸引，而不是对整个场所元素做出立即的反应。视觉在我们的周围无处不在，人们对于喜闻乐见的主题或事物通常会去积极地探索，他们对事物的体验和追寻，浏览它们的外在，发现他们的边缘，考察它们的存在。从这个意义上来说，在场所中的感知过程中，视觉是一种自发性很强的感觉，如果视觉一经发现了使它感兴趣的对象，它就会积极并主动的锁定住这个因素，从而就产生了人们对场所中对个别事物的感知。视觉和触觉的作用在这个阶段，至关重要。

第三，对场所的综合感知。在通过对个别事物的感知后，人们将对那些感兴趣的对象，在通过联想的判断、逻辑的对比、归纳及总结后，产生一个人对整体地方的整体感知。综合感知过程中，人的脑海中包含了形成个体感知元素的抽象模型，并将装饰和细节元素抛开，突显其整体的和宏观的形象。对能表达独特性的个体要素之间进行关联、对比及替代等过程的感知强化，从而产生独特和复杂的综合感知。

第四，从感知到心理意象。在对场所进行综合感知后，人们对场所感知在其脑海中产生了的强烈印象，但这些印象与真是事物之间还是存在一定的差别。因为人们是经过了逻辑思维与深刻分析的综合感知，才选择并记忆了场所中使其感兴趣的对象事物。在今后的生活中，每当人们想到自己曾经感受过的场所，不仅留下了美好的回忆，而且也给这个场所带来了安全感和认同感。意象的场所是一个抽象的，感人的，美丽的。

（2）感知与环境意象。感知不仅与心理意象有联系，它也与环境的形象有直接的关系。环境意象不仅是人类大脑认知的结构和环境特征的产物，也是对环境的认识、态度等心理的反应。一般意义来说，它在人脑中是通过特定的方式将不同各种环境特征整合起来，并产生对现实世界的意象。但是，环境意象与客体真实的环境之间存着整体结构与特征相呼应的关系，并不是完全结合在一起的。由此可见，"场所精神"的主要方面是人们在获得场所的前提下，其中的环境意象就会给人们带来"定向"的安全感。简单来说，人们脑海中的环境意象如果清晰生动，会使人们对这个场所深刻的感知，相反如果环境形象缺乏层次性和独特性，就会使人对这个场所产生陌生感和沮丧感。

2.场所精神的"认知"

（1）认知的过程。认知，在心理学的研究中，它不仅是人与环境之间在交往过程中传递信息的关键方式，还是人们对以前感知过的事物熟悉并确认的心理过程，人的心理活动过程大致可分为感知、认知和意志等。在环境心理学研究中，人对环境的认知是在对前阶段的感知之后，在结合人脑的思维分析进行整合分析处理的方式，从而产生人们对场所气氛和特征性的认知。场所精神的认知，是当旧的事物重新出现在人们的面前时，使人感到熟悉并使其得到证明，它是与旧事物之间存在者某种关联的心理认知过程。空间的体积与形式和周围的围合面的特性一样的重要。建筑不仅要回到场所，还要从场所出发，同时还要从空间和特征对具体化的场所进行认知。

对环境的感知首先是对环境进行分析，然后对整个环境再进行总结。由于不同的人有着不同个体特征条件，所以他对环境的认知方式也有不同。通过研究分析，人对场所的认知大致可以分为两个方面：一方面是对场所的结构、自明性等具有客观性的物质空间形态的认知；另一方面是对场所氛围（即场所精神）的认知。从心理学研究的方向分析，可以将场所结构表达成为："欲望—认知—认同"的模式。在人的脑海中通过认知的方式对场所产生完整且丰富的认识，从而达到心理上的一种满足和认同。

（2）认知与环境意象。"意象"可被定义为个人积累的、组织化的又或是与自己相关的和世界主观的知识。《辞海》中把"意象"解释成为表象，它是由记忆表象或知觉形象改造形成的具有想象性表象。心理学中将意象定义成为是大脑中曾经的客观存在的现象，而后来经过激发产生的心理图像。环境意象在形成的过程，主要是多环境的物质构成、空间形态，内涵等方面进行研究分析。简单来说，认知与环境意象的关系是在认知过程中对环境进行分析和整合，不仅实现普及认知结果，而且还环境意象再现。

可意象性作为场所的空间形态评价的标准，它不但要求城市环境的结构要清晰生动，而且还要求不同层次和不同性格的人同时接受。

3.场所精神的"认同"

如果说人们通过场所精神感知的过程是为了获得安全感、清楚自己的位置和空间环境。那么场所精神的认同过程，就是在确立了认识和归属的基础上，理解环境比与其建立密切的联系，即确定自己的空间特性和环境气氛。认同不仅是与人们心理意象相结合的再现，还是人们情感需求与文化气氛相碰撞的结果，使人们从心理上产生归属感。场所精神，就是场所的气氛。人们经常用"活泼""安静""快乐"等词来体现人们对场所的情感和心理的认同，及场所给人的气氛特征。由此可见，场所精神是人情感的联系，是归属感和认同感的表达。

人们在认知过程中努力熟悉和了解环境，反之，在环境体验的过程指导和影响人们的认知，直到认同为止。通常对认同解释有三种，分别是：同样的、相同的；彼此相同，彼此有密切的关系他们彼此相同，彼此有密切的关系或属于彼此；赞同。所以，认同是人们归属感产生的前提，使人们意识到自己所处的具体环境，从而产生心理认同。

一个场所的本质特点就是让人们在空间中安定下来，从中深刻而广泛地体验自己和空间的意义。从宏观的角度来看，归属感的形成不仅是人们生存和生活的基本需求，还是人们心理和精神上的需求产物。从微观角度来看，归属感是人们感知场所之后所形成的心理情感反应。当人们与周围的环境建立起相应的密切的联系时，就会形成归属感。

（二）场所精神与旧建筑室内改造设计的关系

1.场所精神带动旧建筑室内改造设计的发展

场所是明确特征的空间，自古以来，场所精神一直被视为人们日常生活中必须面对和妥协的事情。因为建筑使场所精神显现，所以设计师的工作就是要创造一个有利于人类居住的有意义的地方。

"场所精神"作为建筑现象学的主导核心理论，同时又作为近些年的研究热点方向，它从根本上揭示了人与建筑环境关系之间真实的意义。场所精神打破了柏拉图形上学的抽象思维，它进一步将哲学想象学思想转化为建筑空间具象化，使设计师的着眼于现实生活的回归，通过不同的空间来表达对不同的建筑空间情感。但是在当代，由于历史文脉与现代技术革命的冲突及精神建筑学与现实生活的矛盾，使得场所精神在建筑空间中合理表达与运用成为重要的挑战。

改造设计在不违反原建筑空间应用场所精神允许的范围内，建筑空间和环境变化的特性是由场所精神的运用模式，在场所新精神所允许的范围内来确定的。通过对场所结构的分析可知，场所结构虽然会受到如环境等一些因素的影响而发生变化，但场所精神并不一定改变或丧失。旧建筑室内空间改造设计研究中，如何能在历史变化中，才能把场所的特性与象征建筑历史文化的场所精神延续并传承下去，较好地实现保护和创新。

"场所精神"告诉我们，只有场所精神得到人们的认可，才能保存和传承，才能使人对场所的认同成为产生认同感和归属感的先决条件。在旧建筑室内空间改造设计中场所精神运用的过程为，首先要分析其场所的结构，其次，确定其场所精神并将其作为改造设计的一种评价标尺，最后通过适宜的改造设计方式，衡量场所精神的塑造与表达是否成功，使原有的场所结构和新的场所结构在时间和空间上相互呼应。

同时，如果只从自然科学方法的方向对在旧建筑室内空间改造设计进行研究分析，就容易缺失对环境特性的分析。环境特征只有同时将人的感知和认知方向建立起来，才能使人产生安全感与归属感。在旧建筑室内空间改造设计研究的课题中，不仅要注重研究建筑空间本身和其内部空间的属性，同时还要研究它与城市、环境、历史发展变化之间的联系。因此，在旧建筑室内空间改造设计中对场所精神塑造的研究，使其不仅成为一种科学方法的补充，同时还体现了对"人"的普遍关注。

所以，对于旧建筑室内空间改造设计中，积极的场所精神是创造出符合时代性的建筑空间并将动态的时代精神注入场所，反之消极的场所精神在改造设计后可能会影响对生活追溯的方向。如今，设计师们都在用自己的方式追寻积极的场所精神，他们不仅要在建筑空间改造设计研究中注入哲学理念，解析不同的空间性质并将其重组，使场所秩序能够不场所精神作为改造设计过程中一种评价的标尺和一种科学补充的方式来，从而带动旧建筑空间改造设计研究的发展。

2.旧建筑室内改造设计是场所精神的延续

人类的生存环境在不断变化，建筑空间历史也成为具有历史性的历史，传统的建筑空间必须以单向的时间维度而存在。任何建筑空间都必须以某种方式存在并适应于当下，并使其产生影响，但也不断成为过去，然后成为过去的延续。而包含在建筑空间内的深层的精神在过去和未来的时间链中有着悠久的历史。人们总是会想起"那种温馨有趣的气氛"，这种气氛一种渗透着人们的生活情感，就如北京胡同的感情。生活经历和周围环境的形象深深地被存入人们的记忆当中，使人们可以总是依附于某个地方，并人们产生恋乡情结。

只有稳定的社会结构才能使人获得心智自由。因此，我们探索旧建筑的室内空间部分的改造设计研究中，实际上是为了让它的"场所精神"得以延续下去。只有在发现，尊重和保护这种精神的同时，才能真正成为具有创造性的发展空间。但延续场所精神并不代表着它可以完全的保留和重复原有建筑空间中具体结构和特征，它只是一种对历史积极参与的方式。

在内部改造设计中，传统文化也成为场所精神延续的一部分。同时，它还必须通过载体去发现其文化内涵深层的精神层面。要想使传统文化得以延续，不可能只是建一些房屋或寺庙，或是能用传统的表演艺术文化取代传统的少数民族文化，或是在市场经济的浪潮中失去文化的潮流等方式就能使其延续下去。由于文化本身不是静态的，它随着社会发展而发展，所以延续复制原来的复古，而且是继承和发展。如果想使传统文化得以延续，不仅要把传统文化融入现代生活中，还要使传统文化与时俱进。

二、基于场所精神的旧建筑室内改造设计策略

如今，就国内外旧建筑室内改造设计相比较而言，虽然国外的改造设计有着丰富的资源与先进的设计理念，但是在与国外的一些旧建筑室内改造设

计相比较，我国在旧建筑室内改造设计有着自己的独到的特色，现如今，正得到人们更多的关注，日益成为我国对旧建筑空间处理的主要发展方向。那么如何发挥场所精神在旧建筑室内改造设计中发挥场所精神的优势，使原建筑空间的精神和空间体验得以延续，从而满足人们归属感与认同感，是值得我们进行深入思考的问题。

（一）旧建筑室内改造的设计原则

1.尊重原有建筑室内空间

我国由于社会转型所带来的社会经济、地域文化和生活方式发展的不平衡性，所以在对旧建筑室内处理方式上存在诸多不容忽视的社会问题及隐患，现如今在对大量具有重要实用价值的普通旧建筑室内空间改造设计研究中很少会从生态保护和持续发展角度来进行研究，而是大多数都是从历史文化遗产保护的角度进行研究。通过对这些问题进行综合的系统的研究，我们需要找到能够有效和可靠地解决问题的改造设计方式。

在基于场所精神指导下旧建室内改造设计中，要从生态保护和可持续发展的角度出发，明确对旧建筑室内空间的改造设计要回到场所，从场所精神中获得的经验。由于旧建筑室内空间在其漫长的演化过程中早就已经形成了属于其本身的能够和调节其空间系统的平衡，所以基于场所精神指导下旧建筑室内改造设计中应该积极地与原建筑空间对话，强调改造设计并不是推倒重来，尊重原有建筑室内空间的基础上，理性将现代化的装饰材料与设计方式融入其中，结合场所精神理论使用最低限度的手段其进行改造、修缮和重新使用，使其走可持续发展的道路，让旧建筑空间在今天更具存在价值。

2.延续原有建筑的精神与空间体验

基于场所精神指导下旧建筑室内改造设计中，我们需要遵循延续旧建筑空间原有的精神和空间体验的设计原则。改造设计必然需要融入具有创新性的设计，但是要在延续原有建筑室内空间精神与空间体验的基础上进行创新，使改造后的室内空间能传承和发展原有室内空间的文化。在基于场所精神指导下旧建筑室内改造设计过程中通过现代化的设计手法，将改造后的建筑室内空间与原建筑室内空间的精神与空间体验联系在一起，使改造后的室内空间能够与外部构成和谐统一，使得旧建筑空间改造设计不仅得以发展，而且还使其空间得以充分利用造福于人类。

改造设计在为人们创造了一个具有意义栖居的室内空间的场所同时，还延续和守护了其场所精神，所以在基于场所精神指导下旧建筑室内改造设计就是不论改造设计对室内空间的模式发生什么样子的改变，我们都能延续原有空间的精神和空间体验，都能赋予新室内空间文脉传承的价值，都能给人们带来美好的回忆。

3.感知和识别旧建筑的室内空间

在旧建筑室内改造设计中，其场所精神的可识别性的主要表现在空间造型和空间使用模式这两个层面上，当人们位于一个相对陌生场所外时，通常是先被能引发他们兴趣点的事物所感知吸引从而对室内空间进行识别，而不是对整个场所元素做出立即的反应。当人们在感知和识别改造后的室内空间场的过程中，首先通过视觉从远距离对室内空间进行感知；其次通过视觉和触觉所产生的自发性很强的感觉对室内空间中个别感兴趣事物进行感知；再次是对室内空间进行综合感知，是将人脑海所包含的个体感知元素的抽象模型的装饰和细节抛开突出整体和宏观形象；最后是使人们从心理上对改造后的室内空间的产生安全感与认同感。

所以在基于场所精神指导下旧建筑室内改造设计中，设计者要在室内空中设计出具有标志性的事物就使人们能对改造后的室内空间产生关注，使人们不仅能明显地感受到这个改造后室内空间的形状和空间的使用功能，还使实体形状和使用模式相互补充，最大限度地发挥改造后室内空间的潜力。

（二）旧建筑室内改造的设计方法

1.使用原有建筑室内装饰材料

在基于场所精神指导下对旧建筑室内空间的改造设计中延续对原建筑空间的装饰材料的使用，由于原有建筑室内空间的装饰材料和颜色可能对改造后的室内空间特性的形成具有决定性的影响，并且在材料的选择和处理方式上毋庸置疑地会与施工息息相关，使其能够使原建筑空间的精神与空间体验最大限度得以延续，唤起人们对原建筑空间记忆，实现新旧场所精神传承与创新。在改造设计过程中通过不同材质的不同特征及不同的设计手法，使其对新的室内空间环境不仅能够营造出独特的空间氛围，还能营造出室内空间独特的场所精神。

（1）基于场所精神指导下旧建筑室内改造设计中，可以利用原建筑空间中木材、砖瓦、泥土或其他材质的装饰材料在改造设计进行一些尺度和形式的调整的手段，将其进行重组后再重新运用在室内空间中，如可设计成室内空间装饰或家具。

（2）旧建筑室内空间中除了为我们提供木材，砖石瓦片，泥土这三种装饰材料以外，旧建筑室内空间中还为我们提供了一些具有特色的装饰材料让我们在改造设计中可以使用，使其也能够延续原有的空间精神。对于原建筑空间中装饰材料运用能够成功的延续原有建筑室内空间的精神与空间体验。

2.发掘原有建筑历史人文内涵

古往今来，建筑空间不仅作为一个地区的产物，而且还作为人类生活和栖居的环境场所，在改造设计中对旧建室内空间中历史人文内涵的挖掘，创造能够彰显旧建筑室内空间的文化内涵与资源特征，是每一个设计师对旧建筑室内空间中场所精神的继承与发展应尽的义务与责任。针对旧建筑室内改造设计中场所精神的塑造与表现形式，要考虑场所精神显现的形象性与鲜明性，具体就需要结合旧建筑室内空间中的历史文化、地域文化、民俗文化这三个方面，并对其进行思考与挖掘。

（1）历史文化。场所精神和历史文化之间有很大的关联，如一些著名的历史文化名城和名胜文化就蕴含场所精神，使人们从心理上产生了的认同感和满足感。历史文化因素与表达场所精神之间互为因素、相互影响、制约作用。同时，在环境变化的影响下发展场所精神，即是对原场所精神的延续和发展，还是对历史的积极参与。

（2）地域文化。建筑室内空间中的地域文化，使其室内空间具有独特的形式特点，不仅可以使人感到认同，还能促进社会文化的保存。同时，建筑室内空间中的地域文化，即决定着不同的建筑空间形式和场所特性，又决定着不同的场所精神。从某种意义来说，建筑室内空间中的地域文化就是场所精神的根源，可以使人从中获得归属感与归属感。

（3）民俗文化。在丰富的历史文化与地域文化的作用下，使建筑室内空间产生各具特色的民俗文化。在旧建筑室内空间改造设计中，场所精神的实质上就是指具体明确的物质环境中所蕴含的民俗精神的内涵。在基于场所精神指导下的旧建筑室内改造设计中发掘建筑室内空间中民俗文化与其相结合，不仅长期致力于具体功能活动还凝聚了历史文化精神的价值，还是对民俗文化保护的实践。所以在基于场所精神指导下旧建筑室内改造设计中，可以将民俗文化的特性运用在改造设计过程中，使民俗文化对改造后的室内空间表现和塑造场所精神产生影响。

3.运用现代化环保材料与设计

旧建筑室内改造设计必须要建立在可持续发展的基础上，以人与建筑空间和谐发展作为设计目标来追求，降低对原建筑室内空间的精神与空间体验的影响。对于原建筑室内空间的资源合理的利用，努力实现旧建筑室内空间可持续发展。

（1）在基于场所精神指导下的旧建筑室内改造设计中，必然会需要运用现代化环保的装饰材料与设计方式就行改造设计，其中现代化环保材料对人们的身体无害，而且还支持回收循环再利用，可以成为室内改造设计发展趋势。

（2）在基于场所精神指导下的旧建筑室内改造设计中，根据新建场所的功能要求，可以通过现代化的设计方式在旧建室内空间改造设计中将改变室内空间高差的原理在室内空间中灵活的运用，改造设计中可以增加或减少原有建筑空间中一些地面或吊顶的高度，使新建场所可以形成不同高度差异，连贯性和一定边界的空间功能区域，从而营造出一种全新的场所精神的体验，如设计下沉式空间，因为这种空间总是能给人提供一种安全的慰藉。将这些具有多样化且现代化结构注入原建筑空间当中，就会使新建筑空间外观和功能更具有时代特征，可以实现历史和现代完美的结合。

第四节　基于使用者需求的旧建筑改造设计

一、基于使用者需求的旧建筑改造的设计原则

（一）以使用者需求为核心

对旧建筑进行改造是为了更好地适应现代社会，更好地服务于使用者，因此在旧建筑的改造中，应以使用者的需求为核心。以使用者的需求为核心，即在旧建筑的改造中综合考虑使用者的各种需求，在内容上包含使用者生理的、心理的、行为的以及情感上，对建筑空间环境的依赖，不仅考虑使用者的一般需求，还应考虑特殊情况下使用者的需求。使用者的需求具有动态发展的特点，当旧建筑改造完成时正是使用者检验旧建筑改造效果的开始，在其中介入反馈系统及使用后评价对保持整个生命周期内建筑的适宜性有积极的意义。

（二）人性化设计原则

人性化设计的本质是为人而设计，是人与物之间的协调统一。旧建筑的改造应遵循人性化设计的原则，改造要因地制宜，在旧建筑原有结构、功能、装饰的现状下进行不适宜要素的重新设计与优化。社会不同时期的需要，形成了旧建筑设计样式的多样性，反映了当时的生活方式与审美标准，这给旧建筑的改造形成多重限制因素，也是旧建筑改造中人性化设计中重要的借鉴要素。

以人为本的改造设计首先应考虑使用者的生理需要，满足使用者对建筑的一般使用需求，保证旧建筑环境能提供舒适、安全、便捷的环境，比如提供高质量的声、光、热、湿度和景观环境，提高安全性，增强防灾能力以及提供完善的通信服务等。但满足适用和基本适用的标准并不是人性化改造的最终目标，人性化的设计应该是不仅能满足使用者一般层次的需求，还能为使用者提供舒适性、精神化的生活场所，引导使用者在原有生活状态、生活习惯、审美认知的基础开启崭新的生活体验，也就是说改造中应让人参与到

空间环境中，发挥人的主观能动性。人性化设计是一个动态的概念，人的需求是随社会的发展程度和人们认识水平的变化而不断变化的，因此，追求人性化设计是一个永恒的课题。

（三）文化延续性原则

旧建筑的改造必须重视其中的文化价值，旧建筑本身而言，它记录了时代的发展，具有历史价值和文化价值，而对使用者来说，旧建筑改造后继续存在具有精神价值、文化记忆，尤其对老年人而言，旧建筑承载的文化不可忽视。旧建筑的现状破旧，不能满足现代生活品质和文化价值观的要求，但他们是时代的见证者，旧建筑的改造为人文环境和城市记忆的延续提供了途径。旧建筑反映了人们的生活方式和当时的经济情况，承载了人们的价值观和情感，向人们讲述了城市的发展历史，给人们带来精神上力量，在今日看起来不那么美好的旧建筑恰恰是现代城市的前世今生，若不能保全他们在城市的存在，势必造成城市文化延续性的割裂。城市的发展与历史的发展是一样的，是连续性的，旧建筑的改造若泯灭了它们的文化价值，也就相当于破坏了城市的根。文化的延续性原则要求我们在改造时尽量需要考虑文化的传承与发展，协调新与旧、传统与现代、局部与整体的矛盾。

二、基于使用者需求的旧建筑改造的优化设计

旧建筑的改造设计需要建筑策略引导旧建筑改造的进行，策略有多种形式，如象征、空间体量、自由平面等，这些策略手段需要不同组成元素的组合作为基础，如建筑的场地现状、结构要素、审美观念甚至时代潮流。通过策略性的指导，解决新旧组成要素之间的关系。在进行旧建筑的改造之前，对旧建筑现状以及旧建筑的组成要素深入解读是前提，在解读过程中需要对旧建筑简化处理，抽离出改造中的主要矛盾，形成看待旧建筑改造的新视角，改造中，新元素的出现需要依附旧建筑及其组成要素而存在，建立新旧元素之间的关系是进行策略分析的关键。

新元素的出现是为了更好提升旧建筑的空间品质，完善旧建筑体系，在旧建筑的改造中起到重要的作用，但相对于新旧元素之间的关系问题，其重

要性就降低了一些。旧建筑的改造中，新旧建筑元素之间一般会出现三种关系：新旧元素的转换，旧建筑元素不适合原有建筑的系统而被新建筑元素取代；新元素的嵌入，新元素与旧建筑元素组合恰当，互相融合，新元素的嵌入对旧建筑影响很小；新要素的植入，新旧建筑要素之间相对独立，植入的新要素既可以是单一要素，也可以是多个要素的组合体，它可以在整个建筑系统中独立发挥作用。根据旧建筑需要改造的程度，可以独立使用转换、嵌入、植入的方式，但多数情况下都需要这三种方式的配合。

（一）新旧元素转换

新旧元素的转换是一种"废旧立新"的过程。它使旧建筑与新元素完全融合在一起，相互依存。新旧元素之间的转换大多数是一种入侵式的新与旧之间的互动，不适宜的旧元素被新元素取代与旧建筑体系相融合。两者之间使用不同的建筑语言，如形式、色彩、肌理等表达自身的特征与性质，但合理的调和新元素的建筑语言，可以达到新元素与旧建筑体系的平衡与协调。

新旧元素包含的内容广泛，从旧建筑整体来看，包含旧建筑空间组织、空间功能、建筑形态、整体规划的更新，从旧建筑各组成部分包含旧建筑的点、线、面、流线、肌理、光线等要素的新旧转换。新旧元素的转换依托旧建筑原有的物质结构，因此是一种形式追随形式的改造方式，如何确定新元素的位置、尺度规模以及相对关系都由旧建筑系统决定，新元素取代旧元素的目的在于更好地适应使用者的需求。新旧元素的转换可以激发旧建筑产生新的活力，重新诠释旧建筑存在的意义。

（二）新元素嵌入

嵌入即是在旧建筑体系中引入新的要素，从而建立起新旧元素之间的关系，新旧元素之间的嵌入关系允许他们保持各自独立的特性。被嵌入的新元素应是一种积极性的组成要素，虽然其保持相对独立的特征，但其所使用的建筑语言是从旧建筑体系中抽离、衍生出来的，因此二者存在直接的联系，新元素的规模、尺度、节奏、比例、均衡感都影响嵌入的形式和状态。

旧建筑体系与新元素之间建立嵌入式的关系，一方面要求旧建筑体系有容纳新嵌入元素的条件，如合理的位置、足够的空间等，在此基础上还应保持二者之间嵌入关系的完整性，即二者组合后共同发挥作用。

另一方面，被嵌入的元素与旧建筑体系中的嵌入部分之间具有同等的表达自身特性的地位，即二者可以采用不同的或者相似的建筑语言达到对比或者平衡的效果。新元素的嵌入可以给旧建筑体系提供新的选择权，二者相互补充的关系可以激发旧建筑的生命力，使其再生。

一个新元素的嵌入不仅能使那些看起来多余的或未被利用的空间得到重新激活，而且还能提升和强化旧建筑的品质。新旧元素之间极富吸引力的对比关系、彼此相互补充与提高的依附状态，可以创造出一座更有价值的"新建筑"。

（三）新元素移植

植入的新元素可以独立发挥作用，不影响旧建筑体系原有功能的作用，二者之间的关系只是单纯的互相接触，独立作用。植入的元素既可以是融入建筑师创新概念的独特性的构件，也可以是标准化、模数化的标准构件或设备。这里所说的植入元素一般都以独立的形式出现，对旧建筑体系的整体或局部具有较大的影响。它们的规模、尺度受到旧建筑自身体系的制约，同时旧建筑体系的风格、材料、肌理等因素可以为新元素自身的特点提供灵感，以营造二者对比或调和的关系。

三、基于使用者需求的旧建筑改造的设计方法

（一）基于认知需求的旧建筑改造设计

1.提供多样化感知方式

多样化的空间感知方式对一般使用者来说，可以强化信息感知并增加空间体验的丰富性和趣味性，然而更重要的是这对于有感知障碍的群体的意义更加重要，感知方式的多样性让他们面对未知的空间环境时拥有更多的选择机会，至少可以通过一种方式来认知空间是进行其他行为活动的基础。增加旧建筑空间感知方式可以从两个方面进行考虑：一是新元素的嵌入——旧建筑感知信息的补偿，多样的环境补偿信息可以加强使用者的认知和体验；二是新元素的移植——增加信息补偿设备的应用。

补偿感知信息可以从使用者获取信息的方式入手，如视觉信息、听觉

信息、触觉信号等都可以增加使用者对旧建筑环境的感知。视觉和听觉是人获取信息、感知事物最重要的两种方式，视觉信息具有明确性和指向性，听觉信号具有即时性和实效性，环境中的大多数信息都是以这两种方式呈现。此外可以增强嗅觉感知性，如自然界中的花香，自然界中的花有20%的具有花香，香味不同，浓淡不均，合理的布置可以为视觉障碍者提供引导信息，还能给人独特的精神感受，舒缓人紧张的情绪。在特殊人群经常使用的空间中，应确保感知方式多样化，保证使用者至少可以通过一种方式获取信息，以感知自身所处的环境。

2.完善引导性环境

引导性的环境有利于使用者了解自身的方位，增强对环境的认知程度。完善的引导性环境对一般使用者而言具有更加明确的指向性、目标性、安全性，对方向感不强甚至是没有方向感的人群来说，有效的引导信息则是他们在建筑空间中进行其他行为活动的必要前提。常见的引导方式有色彩引导、图形引导、造型引导、光线引导、文字信息引导等方式，引导环境的完善大多数是嵌入式的，需要和旧建筑体系结合设计。使用者通过对这些嵌入式引导信息的感知和识别，可以减少人流的交叉，避免行为路线的往复，在人流密集的商场、车站、体育场馆中尤为重要，合理的引导环境可以快速分散人流，防止发生危险。因此应当确保空间中的引导信息清楚有效的，可以被使用者感知的，如可以在环境中显著的位置增加标志性的符号或设施，或者在产生歧义需要辨别方位或者空间环境变化的位置增加引导信息，以保证使用者进入指向性的环境或者引起注意以避免发生危险。

（二）基于行为心理需求的旧建筑改造设计

1.功能适应性改造

建筑功能随着时代的变化而不断的动态发展，从物质性转变到物质与精神的复合，从安全性的需求到舒适性的需求，从单一性到多样化甚至人工智能，都表现出人对于旧建筑功能合理性的最大追求。旧建筑使用功能的变化可以带来生活方式的转变以及城市区域性结构的调整，既可能是革命性的——原有旧建筑使用功能完全丧失，全新的功能取而代之；也可能是非革命性的——原有旧建筑使用功能的逐步发生着变化，通过功能的拓展与延续使旧建筑生命周期得以更新。正是因为建筑功能的动态变化才产生了对旧建筑功能适应性的调整，旧建筑功能改造是旧建筑改造中的关键环节，在一定程度上决定了旧建筑改造的成败。

功能布局的合理性决定了空间使用的有效性，我国城市中保留下来的近现代的旧建筑受当时社会环境及建筑创作气氛的影响以及经济、政治、国家政策的制约，对建筑形式的关注远远高过建筑功能，功能上存在的问题与现代建筑的使用产生较多的矛盾，因此对旧建筑进行改造，首先应调整功能布局，这样其他方面的调整才有更大的意义。看待建筑功能的合理性不能脱开一定的社会条件而追求一种抽象的、绝对的标准。功能回答的是社会发展提出的各种要求，其直接为使用者服务，建筑作为满足人类日常生活的需要的空间，必然随之变化和发展，这就形成了旧建筑功能与使用者之间的矛盾。

针对旧建筑功能中存在的矛盾，可以采取两种方式，新元素的转换——功能置换和嵌入式——功能增加与完善。功能的置换是对丧失原有功能的旧建筑进行的，诵过功能置换的方式转变旧建筑功能，功能要素的变化必然会伴随旧建筑空间形式的改变以及空间组织方式的变化。

2.空间适应性改造

旧建筑空间的适应性改造主要分为两个方面，空间体量的再生和空间组织形式的重构，二者是密切联系，不可分割的两个步骤。空间体量的再生分为两种情况：一是相似体量的空间之间的转换；二是不同体量空间的转换。当旧建筑空间体量能够满足新的使用要求时，旧建筑基本的空间结构不会产生较大变化，改造的重点主要是对空间的重新组织上。当旧建筑原有的空间体量与目标空间体量之间存在较大区别时，需要对旧建筑重新分隔、整合或扩容。

空间的分隔是通过增加或重新布置分隔墙以再生空间的过程，分为水平分隔、垂直分隔。水平分隔是旧建筑改造中最常用的一种方式，可以在保证整体空间相对完整的基础上对空间的进行调整和完善，以满足使用者对不同功能空间大小、形状、朝向的需要。水平分隔方式与旧建筑的结构状况有很大联系，当墙体承重时，空间分割的自由度、灵活度受到影响。当旧建筑为框架结构时，空间在水平方向的划分可变性较大，设计时应重点考虑空间的可变性，以应对各种不同的需要，如展览、商业等自由度较大的空间的临时改变。当在水平方向进行空间的分隔时，增加的隔墙会增加荷载，因此，隔墙应尽量选择轻质材料，并应综合考虑隔声、保温等问题。空间竖向分隔主要是原空间高度较大，而目标空间层高较小的情况，改造时需要增加楼板以分隔垂直向空间，需要根据旧建筑空间结构的形式，采取合理的承重方式，使新增的楼板及可能产生的活动负荷与旧建筑的结构相适应。

空间的整合是将垂直向或水平向的分隔墙移除，原有空间全部或部分互相联系，形成较大室内空间的过程。空间的整合包括水平整合、垂直整合和群体整合。与空间的分隔相似，水平方向空间的整合在旧建筑中比较普遍，空间的整合受原有建筑结构的影响，若旧建筑为墙体承重，空间的整合需要引入新的结构体系，以保证空间整合达到完整的程度。通过加建、增加屋顶等可以将不相联系的旧建筑或新旧建筑整合在一起，达到空间与功能的融合，完善使用者对于连续性空间的使用要求。现代社会生活方式的转变使得人们更加趋向多样化、综合性的建筑空间模式，因此旧建筑的群体整合是旧建筑空间改造中重要的发展趋势。

3.旧建筑无障碍改造

旧建筑存在较多的无障碍问题，给老年人、残疾人及携带婴儿车的父母的出行带来很多障碍，对旧建筑进行无障碍改造，不仅有利于特殊人群的行为活动，同时也是惠及所有人的举措。旧建筑中的无障碍问题主要集中在交通路线及交通节点、信息无障碍以及无障碍设施等方面，这些方面产生的障碍限制了特殊人群的行为活动，同时给轻度障碍者带来安全上的威胁，对旧建筑进行无障碍方向的改造是人性化设计原则的重要体现。

4.物理环境优化改造

旧建筑中常常忽略声环境、光环境、舒适热环境的营造，影响了使用者的舒适感，在旧建筑中对这些物理环境进行改善，不仅可以提高使用者的使用感受，还可以提高空间效能，减少能源的消耗，达到生态节能的效果。

（1）声环境。人们所需要的声音环境是多样的，有的空间需要安静的气氛，如医院病房等需要对噪声加以控制，有的空间需要良好的声音效果，如电影院、剧场、报告厅等，需要声音反射率高的材料及处理措施，以营造良好的声音环境。在强调舒适性感受的环境中，可以引入舒缓的音乐，增加趣味性，提高空间品质。

（2）光环境。在照明不足的位置通过调整门窗位置与大小，提高采光率。还可以外加设备进行补偿，以确保获取合理的照度，同时也应避免眩光、强光、阴影等问题，可以采用百叶窗调整其位置以避免眩光或阴影，另外光照的突变也应考虑，在合适的位置可以设计从亮空间到暗空间的过渡空间，以适应较高/较低照度的环境。

（3）舒适热环境。室内热环境在很大程度上决定了使用者的舒适性，舒适的热环境是保证使用者进行正常工作学习的重要因素。旧建筑改造中对室内热环境的营造方可以通过组织自然通风以及在维护结构上增加保温、隔热、遮阳材料以营造合理的室内热环境。此外还可以运用现代技术，在旧建筑中增加空调设备来改善热环境。

（三）基于精神需求的旧建筑改造设计

随着经济的发展以及人民生活水平的提高，除了追求良好的物质生活环境，人们也越来越关注精神需求，那些旧建筑中散发的人情味、乡土气息以及承载的文化内涵成为城市中宝贵的精神资源。目前，我们正走向高技术与高情感两个方向，当一种新技术被引进社会，人类必然会给每一种技术配上一种补偿作用，加以平常的反应，否则人们就会感到一种由于禹技术所造成的孤独感新技术就会遭到排斥。建筑和城市同样如此。

对旧建筑改造再利用是对旧建筑精神文化价值的发掘，人们在旧建筑中可以重新寻找那些消失的记忆。由于时代的变化，使用者对旧建筑的精神需求也处于动态变化中，并且人的情感需求具有复杂性，基于使用者的精神需求对旧建筑进行改造应与使用者的情感体验、审美意识相结合，建筑的气息只有与人的审美意识相符时，才能让人情感需求得到升华。因此，良好的新旧建筑环境关系也产生于新旧环境的表现与人的审美意识相符之时。因此基于使用者需求的旧建筑改造应从使用者的情感体验和旧建筑的审美价值两方面来讨论。

1.营造空间体验环境

老建筑及其周围熟悉的环境，对于生活在城镇及都市的人们来说是一个熟悉的背景，是在这个瞬息万变的世界里的一个危难时的依靠。情感体验是一种主观上的活动，并且因个体的差异以及对事物的情感记忆而有所不同。建筑的使用者通过生活体验、内心深处的记忆以及情感共鸣产生与建筑的情感联系，这些有助于使用者融入空间之中，引发建筑与使用者的情感共鸣，这在旧建筑改造尤为重要。将旧建筑原有的结构与装饰、原有的生活方式、生活场景融入空间环境的改造中，可以增强人们对旧建筑的空间体验，实现新旧情感体验的融合。

2.旧建筑的美学表达

建筑作为一切艺术中最依赖实质层面的表现形式，可以使身置其内的人们从场所与历史事件的共鸣中获得灵感，它是各个历史时期的社会经济发展的见证物，建筑通过自身的物质形态可以折射出某一时代的政治、文化、经济、军事等多方面深层次的历史信息。由于旧建筑是长期积累下来的，它们无论从结构类型、材料装饰、空间形式、环境氛围都含有丰富的文化信息，由它们组成的场所环境容纳了过去与现实的生活，联系着历史与今天。从现在的角度看，这些文化信息都是符合当时的审美标准的，随着审美主体审美意识、审美水平及审美观的变化，旧建筑的审美表达存在一定的矛盾性。为了迎合使用者对旧建筑的精神文化需求，需要对旧建筑进行形态、立面、尺度比例以及细节装饰上进行改造，以求达到新旧融合，既能体现旧建筑的文化痕迹，又能体现新时代的审美观。

旧建筑审美层次的提升还应关注旧建筑肌理、色彩的应用，从旧建筑原有元素中提取相关联的要素，进行引申借此表达旧建筑的文化内涵，传达旧建筑新时代的意义。现代生活的丰富性让人们更加重视色彩对空间气氛的烘托，色彩的应用可以将旧建筑迅速从沧桑中解救出来，融入新的城市环境以及人们的价值观中，也可以使旧建筑恢复光鲜活力的状态。

第五章　旧建筑空间改造与设计策略

第一节　旧建筑改造中共时性与历史性设计

一、旧建筑改造共时性与历时性设计的目标

（1）保护和传承旧建筑的历史价值。历史街区在现代化的背景下，很多旧建筑因为非常明显的不合时宜而被人们所抛弃。有一些建筑被全部推倒再重建，这样使得很多非常珍贵的历史记忆流失，这无疑是人类文明财富的巨大损失；然而假如只是通过一些简单的手段将旧建筑翻新来维持这些旧建筑的生命，继而再次被人们忘记。所以面对这样的建筑，最为根本的途径就是合理的改造再利用，使这些旧建筑可以重新焕发生命力的同时，也保留着自己独特的历史符号，再一次获得人们的认可。

（2）适应时代的发展，使旧建筑获得新生。为了适应现代社会的美学和功能使用需要，旧建筑改造的设计展开首先必须要具备现代适应性的特质，而在具备现代性的同时也要保留其原有的历史记忆，否则过度的改造只会使得旧建筑变得面目全非，失去其原有的韵味，破坏旧建筑改造的初衷。那么共时性与历时性的原理主张对于空间最终可能的发展状态做出合理的预判，然后展开空间要素之间的营造，通过一定的手法和手段，合理运用现存的历时性要素以及新引入的共时性元素，在不打破原有建筑整体属性的前提下，利用现代的手法塑来改造更新旧建筑，给旧建筑带来全新的面貌。

我们在营造空间的过程同时也是在改变空间，如果可以通过共时和历时这两个维度来研究空间改造，将会对建筑原形态及其独特的性质有更深刻的认识，而在设计展开时，对于策略或是方法的选择都会更加得心应手，改造

的空间也会更出众。旧建筑改造共时性与历时性的研究直指空间的精髓，旧建筑改造的精髓即在体现共时性的结构要素与历时性的关系。要求设计师从历史的发展中逐步基奠、承传，在一个动态的演变中抓取到能化为自身底蕴的点，也有与同时期建筑师巧合似的殊途同归，然而这些因素更在同一作品中全然呼出，定格在对传统文化继承和对现代超越的静止状态。

二、旧建筑改造共时性与历时性设计的原则

旧建建筑更新从保护到改造的转变，除了人们认识到旧建筑对于人类巨大的历史价值以外，重要的一点是为了解决旧建筑本身造成的消极影响和适应现代社会新的物质和精神上的追求，而不是盲目的为了改造而改造。时代经济的飞速发展带来了城市建设的瞬息万变，曾经的时代建筑在城市发展前进的浪潮中逐渐被淹没，甚至成为城市的消极因素，阻碍城市的发展，给城市带来安全隐患。将他们进行改造再利用，满足现代社会物质和精神上的要求。

第一，共时性原则。提倡将不同地域的文化要素并置在同一空间内，即共时性原则。而实现这两种原则的最佳方式，是要把异质的时空要素片段化、抽象化，并融入建筑体中去。简单粗暴的移植是不可行的。

第二，历时性原则。建筑需要遵循动态发展的规律，主张阶段性整合新旧建筑的构成要素，并为其预留生长空间，保证建筑体可以生生不息地新陈代谢下去。时间其实是非线性的根茎形态，过去、现在、未来对空间内的居住者来说是等距的，换言之，就是可以将三者放置于同一个建筑空间内。而这就是历时性原则。

三、旧建筑改造共时性与历时性设计的策略

通过深入解读旧建筑改造中的共时性与历时性，梳理它们之间丝丝缕缕的联系，得出在旧建筑改造中，最重要的、最有意义的元素就是旧建筑，再设计就是在表达引入的共时性元素与历时性的关系，所有引入的新的共时性元素都是不能孤立于旧建筑而存在的，所以确定这些新的共时性要素与历时

性空间状态的关系，才是改造策略性分析的关键。根据已存历时性要素与共时性要素之间配合的关系，我们把旧建筑改造策略分为共时性策略和历时性策略，具体的细腻空间品质的方法从空间现实可以接触的面、物体、光线、材料与色彩、开口、通道等方面展开。整个设计的过程就是分析—策略选择—方法使用的过程。

当一座旧建筑被改造再利用的时候，设计中的重中之重、最具意义的元素就是原建筑，进行再设计就是要表达出新与旧之间共时性与历时性的关系。因为旧建筑的不可逆性，任何改变其现状的行为都可以算在改造范畴内，而因为旧建筑的属性，所有的元素都不可能再重现，所以所有改造中用到的元素都可以算是新元素，都是共时性的新元素。

新引入的元素是不可以孤立与原始建筑而存在的，确立新与旧之间关系的方法是对旧建筑改造进行策略性分析的关键。虽然新的设计元素在改造中起着很重要的作用，但相比于它与旧建筑之间的关系，重要性就没有那么突出了。因为所做的一切都是为了突出历时性。

根据旧建筑和共时性元素之间的关系，可以把旧建筑改造的策略分为三类：如果一座旧建筑可以完全容纳各种新引入的共时性要素，并且可以与其达到一个统一的状态，这种类型我们称之为介入；如果用到的共时性元素是按照旧建筑的尺寸或结构进行建造，处于原有建筑的空间或影响范围内，同时对旧建筑本身影响不大，称之为嵌入；如果二者没有融合的关系，就称之为装置。

（一）旧建筑改造共时性策略

1.共时性要素的介入

一座旧建筑可以通过介入的改建方式激活它原有的潜力或被隐藏的意义。真正意义的改建工作要充分反映出原有建筑所给予我们的暗示。我们需把那些旧建筑看作城市一段历史的叙述或是一个有情节的，等待着我们来发现、澄清和重新诠释，并在这个过程中激活它们继续存在的意义。

旧建筑提供了改变的驱动力，恰当的改建方案源于对旧建筑的深刻解读，为了进行一定程度的调控，旧建筑可能需要被简化，从而产生观察和理解的新角度。也就是说，对旧建筑的改建其建设性和破坏性可能是共存的，建筑师对此要进行抽离、移除、整理、复原等工作，以便揭示出隐藏在其中的含义。有时候对建筑的改造可能是一种侵入式的互动，新元素被直接添加到原结构中这些新元素的产生必然与原有建筑产生关联，因为其构思的灵感就是来源于此，虽然他们运用的建筑语言可能会有很大区别，但并不影响由此而产生的平衡美。

世界著名建筑设计大师赫尔佐格与梅德隆在一处将改建为泰特现代美术馆的过程中，没有去除或减弱其原有建筑所具有的工业化特质，反而对其还加以强调和提升。其目的就是将该建筑原有的肌理即历时性的要素整合到日常生活与城市风光之中去。在改造过程中，多数的空间都按照原有的建筑格局被保留下来。巨大的涡轮机房为场馆提供了贯穿整座建筑的通道和公共空间，这两条通道连接所有的展厅和其他功能区，馆中各个展厅的大小、比例以及对自然光的利用都不相同，这就是对于空间历时性与共时性的一个因地制宜的使用，这些都取决于它们在建筑中的位置，整个美术馆最具冲击的改动是玻璃屋顶，它确保了光纤可以照射进这座巨大的建筑物内部，晚上又可以作为灯塔。而这样的介入还具有象征意义，表达出了建筑内积聚已久的能量正在慢慢的释放出来。

介入类型的改建一般不受功能的驱使。新接入的形态是根据原有建筑的形态而设计，即形式追随形式，建筑本身决定了它被再利用形式，如何规划新空间的位置及相互关系、尺寸规模等问题的答案都蕴藏在原有的建筑之中一座建筑在被改变、重塑后，其具有独特的性质被解释出来，这是建筑被赋予大于其新用途的意义。

2.共时性要素的嵌入

新功能要素的嵌入不仅能使被认为多余或被忽略的空间得到重新利用，而且还可提升和强化原建筑固有的品质。

嵌入，顾名思义是指在建筑结构之中、之间或影响范围之内引入新的元素。它是在改建与被改建之间建立起紧密关系的一种实现方式，它允许新旧元素以各自独立的特质呈现。嵌入的物体是独立性和对应性相统一的一种活力元素，它可以与原有建筑或建筑群构建起一种令人美妙的对话。当简约的现代元素与残缺的旧建筑之间在风格、语言、材料和特色方面的对比达到最大化是，其美妙结果就会随即显现。

被改造的旧建筑与嵌入的关系，一方面原建筑需有条件容纳新嵌入的元素，同时还要在物理状态上应保持相对的完整性。通常，建筑师只需要找出相对应结构或环境上的问题即可，尽管有时需要进行一些必要的修复，使建筑重现昔日的胸围。在这方面认同原有建筑和潜入元素之间的区别是非常重要的。而另一方面，嵌入元素上必须以放置在原建筑内或周围为条件，进而形成对比或平衡的效果。即便采用的建筑语言或许不同，但嵌入与被嵌入这两个构成要素必须有平等的发言权。两者所有具有的张力以及相互补充的微妙关系对原有建筑都有着激活和提升的作用，使其看起来焕然一新，犹如获得了第二次生命。

一个新功能元素的嵌入不仅能是被认为多余或被忽视的空间得到重新激活，而且还能提升和强化原建筑本身固有的品质。肌肤吸引力的对比关系、彼此相互补充与提升的一副状态，可再创造出一座更有价值的"新建筑"。

3.共时性要素的装置

改建的元素独立于原建筑而存在，两者只是单纯的互相接触而已，这种状态我们暂时称之为装置。装置是将一系列或一组相关元素放置在现存建筑内。成功的装置行为可以提升人们对一座旧建筑的认识，并能将二者进行完美的组合，而不相互妥协或干扰。装置构件的对象或元素特质通常是有建筑师或艺术家的风格和艺术取向决定，一般都具有多个相关导入对象、概念和想法，它们体现了创作者的特点，并且以组或系列的方式安置，装置的构成一般在尺寸、体量和周期方面都有一定的有限制，例如用于短期性的展览。

装置的构成体不一定都和原有建筑毫无关系。它们一般以组的形式出现，放置在可给建筑及其自身带来最大冲击力的位置上，用来组织或者描绘空间，也可在杂乱的建筑及建筑群众建立一种秩序。其规模以及与建筑间的适宜性的调整等因素是收到建筑本身决定的，另外建筑业刻字审计案例相关参数，并成为装置中的一个部分。存在于建筑肌体之内的材料、风格、品质、历史、背景等都可能直接提供推动或产生新装置元素的原始动力。

一般来说，装置所依附的建筑通常需要进行一些物质上的改动，如进行一些必要的修缮和恢复，但是这些改动一般都与装置活动本身无必然的关联。原有建筑不仅仅是装置对象的表演舞台，它也可在装置元素的映射下揭示和展现自身的魅力与品质。装置能促使那些隐藏于建筑之内的真是品质重新展现出来。装置也可被视为建筑与放置在其中的一系列元素之间象征关系的产生过程，两者通常具有截然不同的特征，它们在某时段的并置为两者共同带来了生命与活力。

（二）旧建筑改造历时性策略

1.旧建筑与历时性的共融

为了使改造后的旧建筑保有历时性，在改造时应当充分了解改造区域的历史文化，将改造中新添的等要素融入于历史环境中，但是这不意味着完全的模仿传统形式。可以从建筑的控制线、建筑的隐匿或虚化等方面来加以考虑。

（1）控制线的连续性。控制线是建立视觉连续性的隐形控制要素。改造后的建筑与历史环境相协调的多种因素中，建筑控制线是十分重要的。这就包括建筑外轮廓线、建筑的屋顶和檐口线、其他形体上的轮廓线等，还有平面轮廓的控制线、立面高宽比的控制线等。其中以建筑物的天际线尤为重要，是历史环境最重要的特征。

（2）建筑的隐匿或虚化。在旧建筑改造中，新建、扩建部分大多可隐藏在地下，或是选择玻璃等现代建筑材料，引用简约洗练的几何形体，使其同时具有通透性和透射性，体现现代材料、结构艺术美的同时间，最大程度的保护传统文脉和地域景观。

（3）建筑体量的延续。体量是指建筑物在空间上的体积，包括建筑的长度、宽度和高度。建筑体量一般从建筑高度和面宽两个方面提出控制引导要求，一般规定上限。体量是形态的基本特征，是建筑存在的标志。在旧建筑改造中，只有控制好新加入元素的体量，才能保证旧建筑的主导地位，同时新加入元素体量与旧建筑体量的相称，能使群体空间产生均衡的效果。

2.历时性的传承延续

建筑界面上的层次性协调也是保留旧建筑历时性的重要内容。应当从界面的构图规律、细部的杂糅和拼贴、母体的运用等方面进行考虑。

（1）立面构图韵律。韵律是指某种运动，其特点是要素或主题，以规则或不规则的间隔，图案化地重复出现。在建筑学中，韵律是指建筑中的线条、色彩、形状或是建筑元素以规律或自由的间隔重复出现。

（2）细部的杂糅和拼贴。在历史环境中的改造，具有历时性的空间很有可能因为破旧不堪而被拆除，这样做会抹去其所含的历时性信息，这些建筑的细部往往还蕴含着感情，容易引起人们埋藏的记忆。于是在整理改造中，可以采取保留局部的历时性元素，新引入的共时性元素与其整合共存，也更容易细线住场所文脉的连续性，而且在细节展现和再利用的同时融入新的建筑技术和材料，这些细节也为旧建筑带来了新的含义和生命力。

（3）母体的运用。类似于文学作品中的母体，建筑设计也常以某一简单的空间组织、构图样式等原始图形为母体，在旧建筑改造中，通过对某些颇具深意的历时性元素的夸张、复制、变异，将设计中的各要素合理的组织起来，使旧建筑的外观更加纯净，表达出一些信息，从而产生一种历史、文化上的认同。

（4）材料与色彩的连续性。建筑的材料与色彩是赋予环境协调性最显著、最直接的特征要素，长期以来材料的使用使得不同时代的建筑物具有大致相同的材料质感和色彩。而在旧建筑改造中，通过重新运用相同质感的材料、相同的颜色，可以最大程度的传承旧建筑的历时性。

第二节 旧建筑改造的空间重塑与融合设计

一、旧建筑改造的空间重塑与融合的意义

（一）有利于延续历史文脉

旧建筑空间存在的灵魂主要体现在历史文脉上，一座城市丰富的意识形

态特征主要依靠的是旧建筑空间，而这些旧建筑空间存在着不同的历史文化和文脉。将旧建筑改造为新的建筑空间，在旧建筑空间中挖掘历史文脉融合到新的建筑空间中，使文化在新空间中以一种循环的姿态延续下去。进入空间的人们可以感受到原有建筑空间所散发出的历史文脉。一座城市存在的时间长短是可以从建筑空间特有的文化与文脉直接反映出来的。文化是丰富多彩、多种多样的，同时构筑建筑环境系统，在旧建筑空间的发展历程中会留下许多日积月累的文脉印记，使之形成独特的动态文化特征。旧建筑重塑新的空间可以不再让旧建筑空间走向衰败，旧建筑空间需要结合当下人们的需求将功能置换，继续传承历史文化。新空间需求与旧建筑空间的文脉之间已经慢慢变得密不可分了。这些历史的文化经历了一个过程，这个过程是历史不断自我改善的过程，也是一个由简单转换到复杂的过程。历史文脉已经成为旧建筑空间改造的一种载体，它体现着旧建筑空间中的物质和精神层面上的文化特征，没有历史文化的空间将会缺少灵魂，空间中的内在元素也会缺失。

对旧建筑空间的重塑不仅要对历史文脉进行保护，还可以延续和发展历史文脉，是当今旧建筑空间改造为新建筑空间融合设计理念重要的一点，同时符合可持发展的相关理论。在旧建筑转换为新的建筑空间过程中如果没有处理好融合设计的关系就会直接影响到旧建筑空间历史文脉的发展，这样旧建筑改造的新空间就会出现历史文脉不完整的现象，同时也就意味着丢失了最宝贵的历史文脉，失去了旧建筑本身存在的灵魂。在旧建筑改造中最应该引起重视的就是历史文脉，它是融合设计的精髓。旧建筑空间改造中空间的重塑与融合设计问题不是简单的去融入历史文化，而是在改造的过程中对新旧历史文脉的融合问题进行比例关系的协调，对历史文脉的延续与传承起到重要的作用。

（二）有利于融合空间形态

空间的成长过程跟随着空间的形态不断变化而存在，这也是空间价值转换的内在组成部分。旧建筑改造为新建筑空间，二者会存在很多矛盾，毕竟过去的那个时代，与现在人们的生活需求与审美是不一致的。如果准备更好的改造旧建筑空间，那么需要了解旧建筑中的空间形态，其次要思考将要改成的新空间需求，所引发出的形态需求与功能需求。最后再回到旧建筑的空间形态中去，反复推敲后将二者的空间形态有机的融合到一起。

旧建筑空间改造为新的空间是一个复杂的过程，不是简简单单的将原有空间进行重置，也不是单纯的将空间功能进行转换。旧建筑空间改造为新的空间重点是将空间进行一次再生的过程，把旧建筑原有的形态要素创新改造与再利用，改造的基本客观条件是这个社会发展所决定的，人们在改造后新的建筑空间形态中对物质与精神的一种追求。新创造的空间形态在很大程度上是补充旧建筑空间形态，在某种程度上来说也可节约经济成本。怎样才能使改造后的新空间和旧建筑空间的形态达到最完美的融合，最直接的体现就是必须在改造过程中将两者互相渗透，新建筑空间形态和旧建筑空间形态两者相互交织融合，在原有的空间形态基础上创造出更加理性的空间形态，这个新的空间形态在体验者的记忆中能联想到原有建筑空间形态的影子，二者以一种相互补充的状态存在。

（三）有利于营造人文情感

旧建筑空间的文化氛围，是经过了多年的历史文化沉淀之后自然形成的，这些文化氛围在人们的生活中记载着许多历史情感和人文精神价值，它们是现在人们生活中不断去怀念的记忆，旧建筑见证了这个时代的更新换代，更加说明了旧建筑是历史发展的见证者。社会的快速发展带来的是人们生活上的无趣和单调，在旧建筑空间改造中要考虑到现代人们对旧物的怀念情怀和追求新鲜事物的态度，要把这些融合到旧建筑的改造中，会使旧建筑空间变的更加有趣。每个人对旧建筑的情感都是不同的，说明这些旧建筑在每个人心里都有着重要的地位，希望通过改造旧建筑更好的延续人们心中的这份情感。也正是因为这些旧建筑的存在，身处在空间的参与者才会更加具有认同感。建筑空间的主要角色一定是人，就是因为人具有了丰富的情感，空间才需要更加有血有肉，也就是说创造空间的情感是对人情感需求的一种满足，要探索人们对空间中的特殊情感和人文情怀，保留空间在人们心中的共同记忆，让改造的旧建筑带给人们不一样的、全新的认知。

在旧建筑改造为新空间的过程中要注意人的心理交往活动，改造后的新建筑空间会关系到人的心理变化，因为人是整个旧建筑空间中情感营造的参与者和创造者。旧建筑改造后的新空间中所体现的人文情怀，是旧建筑改造过程中空间融合设计的一种表达方法，新旧融合设计就是为了人们更好的去适应新的环境，在新的环境中还可以找到对过去的回忆，也正是旧建筑空间自身价值的体现，这样的结果是旧建筑空间和人的情感相互影响才产生的。

（四）有利于再生场所精神

空间的独特性在方方面面都能体现出来，空间所体现出来的生活方式和环境特点是通过场所的专有特质反映出来的。场所可以比空间更直观形象的表达出与人的互动关系，因此旧建筑空间改造也可以从场所精神入手。我们存在的空间是通过场所体现出来的，只有在场所中我们对空间的具体化记忆才可以感知体验。人们追求在空间中的情绪和触感是通过空间场所来完成的。旧建筑空间中存在着许多让人怀念的旧物，这些物件会将人们对旧建筑空间的情怀放大到最佳，超越时间和记忆，可把人们的情绪带到所处的环境中，场所精神便发挥着巨大作用。场所精神也是动态发展的，在重塑场所精神的同时，当下的空间存在意义与旧建筑空间的场所精神需要二者的融合，使新旧场所精神在空间中继续发展下去。

在城市中旧建筑空间有着不可代替的地位，是时间和文化的产物，因此对旧建筑改造为新的建筑空间，是在旧建筑空间场所精神基础上的重新塑造和完善。处在旧建筑空间改造中的参与者，本身就在思想上产生了对场景的一种联想，这种建筑空间中包含了许多因素，参与者充分体会到了新的空间中所散发出对旧建筑空间的知觉体验。旧建筑的场所精神要在建筑空间改造中继续延伸和传承，要让改造后的新空间精神和人的感官、思想相结合，这样旧建筑的空间改造才能使建筑本身富有场所精神。在旧建筑空间改造中首先尊重旧建筑空间中的基本视觉要素，比如界面与表皮的纹理，其次从另一个角度说，旧建筑空间改造能否成功的标准体现在参与者自身与空间环境之间的感受关系。参与者在与空间交流的过程中，感受到的场所精神是旧建筑空间改造后的场所精神，改造后的空间要赋予原有空间全新的场所精神，使人们对这个新出现的空间不再陌生，新空间不是"空降"下来的，而是在原有基础上生长出来的。

二、旧建筑改造的空间重塑与融合的指导思想

（一）空间功能转换为载体

旧建筑空间重塑为新的空间以功能转换为载体，基本的功能在新的建筑空间中处理的不够完善，设计的形式再怎么吸引人也是一个失败的改造设计，可以称之为这是一件雕塑。在这个转换的过程中需要将旧建筑的原有结构、场地现状等空间构成要素充分的理解，比如旧建筑的地域性与时间性，旧建筑空间中哪些界面与空间尺度是可以为新空间提供有利条件的，通过这些条件重塑新的空间功能。将旧建筑空间进行分区，组织空间功能与动线，可以采用组团形式寻找空间功能转换的关系，为改造后的新空间提供有利优势，二者的关联性是非常紧密的。人们面对同一空间，感知空间的魅力是不一样的。面对旧建筑改造不是用拿来主义将旧的元素放入新的空间中即可，而是要在旧建筑的基础上结合当下社会现状给予创新，这样旧建筑空间才能健康的生长起来。

旧建筑改造的出发点是当下的旧建筑无法满足人们的生活物质精神需求，受现代设计中功能主义的影响，形式是放在第二位的。在旧建筑改造为新的建筑空间中其本质工作就是新旧功能的转换，旧的建筑原有功能与新的空间功能合理转换，重建空间上的功能秩序。其次是形式上的思考，根据功能与结构的变化形式产生相应的变化。改造后的形式会对人们在空间视觉中发生心理变化，这也是旧建筑改造自身存在的气质。最后对这种旧的元素与新的元素互相融合，并形成延续性，旧的建筑空间在新的空间中散发着生命的活力。

（二）场所精神营造为取向

场所构建了旧建筑空间中的物质与人文情怀，旧建筑空间改造能充分结合其自身的地域文化，使人对旧建筑的感知存在记忆。这样旧建筑重塑的新空间既有实的物质存在，还有虚的历史文化、人文精神的互动体验，那么这

个新的建筑空间已经上升到精神属性的层面。场所即是生活行为中生命记忆的站点，也正因为这些归依和感人的细节，空间因此充满了生命符号的活的空间。

场所精神的核心是空间给予人的体验感，人与空间产生的互动感。旧建筑重塑为新的建筑空间是一段阅读体验的过程，这种体验是人们在历史发展中存在脑海中的记忆。将旧的元素与新的元素提取再创造放置在新的空间中，这些只是外在与表面化的，最终我们要将这些新旧元素的结合与场所精神相融合，体验者进入重塑的新空间中可以唤起过去的记忆，使旧建筑自身的内涵散发出更多的价值。

（三）情感语言重塑为手段

旧建筑重塑为新的建筑空间，要注重用情感语言来塑造新的空间。因为人都是有骨有肉的，具有一定的情感思想，新空间的出现一定要让人能够感知到其空间自身所存在的魅力，在这个人们感知空间的过程中需要在空间中融合情感语言。

在旧建筑改造为新的建筑空间中不要将原有的空间内容全盘否掉，而是寻找旧空间中留给人们最珍贵的情感在哪里，在此基础上将新旧空间元素的秩序美感进行优化与创新。空间中的主角是人，我们可以充分归纳并总结在新的空间中人们最需要哪些情感需求，将原有的旧建筑空间与新空间的情感需求融合创新，使人处在这种新的空间环境中体验到时空的情感联想与想象。用空间中造型、色彩、材质、结构等要素来表达空间的情感变化，空间的这种感情起伏变化直接影响到人们在空间中的情感互动体验。情感语言的重塑温暖着体验者的心灵，当然也可以置入一些物质存在的情感语言，体验者在空间中随处可以感受到方便、安全、舒适等，这也重点体现了人性化设计的特点。

（四）文化记忆回归为目标

常常会有人这样说一个建筑空间冰冷冷的，没有一点温度感。其实本文作者也有过类似的感觉，旧建筑空间重塑为新的建筑空间中，旧建筑的本体特质要挖掘出来。抛弃旧建筑空间自身的特质文化后，重塑的新建筑空间即使做的非常满足当下人们的物质生活，那么这样的空间还是缺少历史记忆性，人们在空间中还会出现冰冷冷的失落感，就像格式塔心理学中所讲的"痕迹"一样，人们找不到过去的生活与活动的场景。旧建筑中的文化记忆是跟着社会变化发展的，运用艺术化手法将新旧元素融合在一起，为旧建筑灵魂的重生打下基础，同时唤醒人们对曾经文化记忆的理解。

旧建筑改造不是感性艺术活动，而是理性设计的思考，二者的区别在于：艺术面对自我的感受，设计面对大众的需求。作为旧建筑设计改造本身是一件很理性的过程，但是也需要感性的思维结合人们文化记忆重新渲染新建筑的空间氛围。因为人的需求包括精神需求这一方面，所以用文化记忆唤起人们曾经与空间的心理互动。在重塑旧建筑中，使文化记忆融合到新的建筑空间，新空间将承载着这种文化记忆继续向前延续与发展。在历史长河中持续介入新的文化记忆，环境的存在也随之发生改变，这样体验者会体会到更为丰富感官体验。

三、旧建筑改造的空间重塑与融合的理论基础

（一）新旧共生思想理论

共生这个词在生物学上的理解是两种生物以相互依存的方式共同生活。20世纪80年代，日本的建筑师黑川纪章在原有理论基础上提出了一个新的建筑理念：共生思想。在旧建筑改造的过程中，把共生理念和共生手法融入改造设计中，使改造的旧建筑空间包涵新的含义。在新的改造中留下共享的旧特征，旧元素和新元素相互共生，互相依存。

旧建筑空间就是许多文化内容的合并，不同时期的建筑师有着不同的建筑风格，通过共生思想将这些不同的文化在同一建筑空间中形成平衡的状态。旧建筑在改造的过程中新产生的空间文化和原有的旧文化之间相互包容，代表着人们在不同时期的生活行为片段，空间的改造促使空间结构从单一的方式走向多元共生。在改造旧建筑空间的重塑与融合过程中必须尊重历史，重视新旧建筑空间的文化共生有效促进建筑空间的合理改造。

在旧建筑改造过程中空间的重塑与融合，着重讨论的是改造新旧空间

的融合问题。这不仅仅是将旧的建筑空间进行形态的创新，而是思考部分与整体的融合；建筑空间与环境的融合；历史与现实的融合；内部与外部的融合；技术与人的融合；异质文化的融合等问题。空间的改造是吸收旧建筑空间的文化和内涵，结合新的设计创造，对旧建筑特质的改进和提高，改造实质上是对旧建筑空间的空间形态、功能、陈设、灯光等进行新特质与旧特质的融合。新旧元素之间的改造关系是一种更新再创造的过程。在整体的旧建筑空间中改造出一部分新的空间，这是整体与部分的关系，两者的共生是在旧建筑空间的基础上创造新的功能分区与组织动线、空间样式风格等要素。从行为心理、环境、文化三个方向入手，在共生思想基础上解决旧建筑改造中设计重塑与融合问题，可以使改造者在设计之初就树立一个崭新的设计方向。

（二）历史文脉主义理论

这个世界上任何事物的存在都是有联系的，同样在建筑空间的改造过程中也可这样理解。新旧二者之间存在着联系，同时也存在着对立的关系。旧建筑空间重塑为新的建筑空间过程中，融合新旧元素之间有不同的属性差异，这种差异是时间上的，同样也反应在空间上，旧建筑的空间在历史长河中已经形成了属于自己的一套文化系统，已经对人造成了很深刻的影响。人存在空间中是空间的主角，同时空间也创造了人的行为。旧建筑空间的改造者在把空间参与者的感受和旧建筑空间的历史文化元素融合创新，创造了一个充满新元素的空间环境体系，使历史文脉继续延续下去。

建筑空间和文脉之间有着不可割舍的关系，没有文脉作为前提条件，旧建筑将会很难在现代社会的发展中立足。通过文脉我们看见了旧建筑本身的文化内涵，从侧面向我们诉说着旧建筑带来的历史文化。旧建筑空间的历史文化越久远所能体现出来的文脉就越深刻，这两者的关系是相对存在的，但是建筑空间和文脉的这种相互关系也不是只有主体本身就可以表现出来的，它还需要人在中间作为媒介，进行理解和传播。人的作用在于把旧建筑和文脉之间的文化意识形态表现出来，将它们协调发展。时代在发展，文脉也会跟着产生变化，改造旧建筑空间是对文脉的重塑与发展，在空间改造过程中随处可挖掘到空间中所存在的历史文脉，比如在前期的平面布局、空间形态、空间造型、空间陈设、空间灯光等。旧建筑的文脉包括了建筑的社会环境、建筑的人文价值、建筑的艺术形态，这些内容直接影响着旧建筑空间改造的最终结果。

旧建筑空间的改造从另一方面上思考，是把建筑空间的时间元素进行改造，改造的内容就是现在过去到未来之间的联系。历史文脉就是在时间上的传承者，对旧建筑空间重塑过程中，在旧建筑空间历史文脉的基础上，融合体验者的感官、心理上的要素，使之形成新的历史文脉，这样改造的空间才能在新旧建筑空间中创造融合的内涵。建筑空间特有的旧元素作为过去的历史，文化体现在新改造的空间特质中，然而其中新产生了空间的功能与意义，需要对旧建筑空间、时间的文脉挖掘，同时融合当下人们的生活需求，新的建筑空间会更有意义。体验者在建筑空间中既能体会到建筑空间环境的历史文脉，又能与建筑空间有新的互动。要求改造者在改造旧建筑空间过程中把历史文脉主义放在前期的重点思考中，这是确保个体环境与整体环境之间，保持时间与空间上的互动性与连续性。这样看来，在旧建筑空间重塑与融合的改造中，新改造的空间形式与旧的空间历史文脉相互融合，产生新的建筑空间环境，会给空间参与者带来全新的理解，同时重塑的新建筑空间不像人们所说的"假古董"。

（三）可持续发展理论

绿色建筑的概念最早在1992年的联合国环境与发展大会上提出，又叫"可持续性建筑"或"生态建筑"。可持续发展理论，在人们生活中占有重要的位置，直接影响着人的基本生活和思想意识。在旧建筑改造中需要符合这个理念。当下的旧建筑改造中"可持续发展"的理念体现的更为深刻，这也与上述中表达的思想相重合，建筑改造不仅仅是尊重历史也要为后人着想。旧建筑的改造包括的内容繁琐，在改造的同时也意味着空间的改变、平面布局的重设、设备上的重新考究等问题，正是因为这样，建筑的改造不只单纯的改造建筑本身，它牵动着建筑周围一系列环境的问题，会带来环境的变化。

可以这样理解可持续发展对建筑空间改造存在着深远的影响，设计本身就是为了生活的便捷和美好而存在的，好的设计是在强调人与环境的和谐相处，可持续发展也强调的是这个理念。旧建筑空间的改造是在原有的空间基础上，不改变空间的历史文化，只对空间的形态、尺度、颜色、布光进行全新的处理并融合现代的设计语言。这种改造也是根据人的活动范围和需求进行重塑的，不是一味地追求改造和创新，也需要关注健康、自然的发展路线。想要使被改造的建筑空间更具有可持续发展的意义，改造者就要在改造旧建筑空间之前，构思好对原有旧建筑空间的设计意图，比如人和环境的互动、人与环境的相互影响等方面。同时将必不可少的可持续发展理论考虑到设计的改造过程中，这样改造的旧建筑空间中，人与自然融合设计的问题才能更好的得到解决，改造者把旧建筑空间元素和现代新元素融合，让两者具有包容性，新元素也需涵盖可持续发展的理念，在这样的条件下改造的旧建筑空间环境才能发展长久，不会被时代所抛弃，人们的生存环境也随之发生优质改变。

（四）环境心理学理论

建筑空间改造中环境心理学所要研究的问题就是人与环境之间会产生某种交互的关系，主要是对人与整个城市、人与建筑外部空间、人与建筑内部空间环境之间交互关系进行心理学的研究。人是建筑空间的参与者，环境则是围绕着人产生的，人的心理感受和心理倾向直接会影响到建筑空间的环境改造。将环境心理学融合到旧建筑改造中去，充分考虑空间中体验者的心理倾向，体验者对环境的认知和对环境产生的行为，对旧建筑的重塑将会上升到理论的研究阶段。空间与环境是相辅相生的关系，人生存的空间都可以称之为环境，建筑空间与时间具有一种独特性，人是一个具有独立思想的个体，在不同的空间中受到不同的环境影响，表现出来的行为也是不同的，建筑的改造要融合人的需求，这就说明了研究环境与人之间的关系，在改造旧建筑空间重塑过程中是非常重要的。强调环境心理学就是强调建筑环境对人心理行为的影响。

体验者在改造后的建筑空间环境中，带着对原有旧建筑空间的心理倾向去感受新建筑空间，空间之间的融合思想会使新旧建筑空间之间产生必然的联系。在新空间和旧空间环境中的体验也因为环境的不同产生差异，旧建筑空间和新建筑空间之间需要环境匹配与融合，并将旧建筑空间中人们对环境的认知在新建筑空间中给予延续与发展，人们在感受新建筑空间会带有情感因素，这就是空间环境与人的行为相互作用的结果。空间环境与人的思想行为达到统一，就可以有效促进旧建筑空间重塑为新的建筑空间融合概念的实现。

四、旧建筑改造的空间重塑与融合的设计表达

（一）旧建筑改造的空间重塑与融合的设计空间表达

旧建筑改造过程中空间的重塑与融合设计表达主要分两个方面研究：一是将旧的建筑空间给予哪些保留；二是新建筑空间给予哪些创新。在研究旧空间与新空间中寻求二者的共性与个性，共性是二者融合设计普遍存在的条件，个性则是二者融合设计与其它同类空间加以区分的特质与新鲜生命力。旧建筑空间中存在着许多历史故事与历史事件，现在对其进行改造为新的空间，需要研究原有建筑空间的结构、造型、材质等要素，为改造后的新空间寻求新的设计表达。旧建筑空间重塑了新建筑空间，新建筑空间给予旧建筑空间新的生命，最终寻求二者的比例存在关系，同时融合匹配在一起，为体验者带来丰富的空间感知体验。

改造后新建筑空间满足了旧建筑空间的重生，旧的建筑空间给予新的空间场地援助。但是新的空间怎样与旧的建筑空间保持着二者的融合，同时又要突出二者的个性是设计者需要思考的问题。这个问题可以这样去理解，二者就像生活在一起的夫妻，一方吸收着另一方的精华，而这时另一方需要包容，这样新的建筑空间才可与旧的建筑空间融合发展。

在旧建筑改造为新空间中融合设计策略基本是尊重原有旧空间中所存在历史文脉、人文信息、场所精神、场地理性分析，在新空间中给予功能的重组与部分形式的融合。新的建筑空间与旧的建筑空间在历史角度来说，二者融合都是历史长河中的一个过客，二者的融合需要对旧建筑空间的改变加以

尊重，这种尊重不代表不去改动，把自己陷入一个误区，而是在掌握"人性融合空间"的角度进行大胆的调整与改变。将旧建筑空间大面积整改中，要考虑旧建筑空间与新的空间融合形成的统一关系，并且二者的个性特质也在空间中充分表现，但更多还是对旧建筑空间的尊重，最终要看到内在二者相互融合的延续发展，外在二者新旧并置的融合表面。

旧建筑空间改造为新建筑空间不是简单的对旧建筑的删减与新元素的增加，而是对旧建筑空间特质的学习与挖掘，在新的空间中得以转换与创新运用，新的建筑空间为旧的空间带来活力，并基于对旧建筑空间历史文化、场所精神、人文情感、场地分析等方面进行理解，使得旧建筑空间转换为新建筑空间的价值与意义有所提升。新建筑空间的出现承载着旧建筑空间的历史，满足人的基本使用需求外，还可发现旧建筑空间的影子。

（二）旧建筑改造的空间重塑与融合的设计语言表达

旧建筑改造过程中空间的重塑与融合设计的语言表达，首先要明白构成旧建筑空间的主要元素都有哪些，其次了解重塑的新空间其风格样式应该匹配哪些设计语言要素。结合旧建筑空间与新建筑空间的属性，寻求表达语言二者的融合，为空间存在的人们体验到旧建筑空间的过去与现在，人们不会感受到空间的僵硬与死板。

1.界面、表皮

旧建筑空间重塑为新的空间，空间界面形式对空间体验者来说是很直观的展现方式，旧的界面与表皮诉说着旧空间的历史故事。本论文主要讲述旧建筑空间的内部界面，内部的界面在前期对场地的充分理解下基本不用大面积的改造，因为界面会随着时间的增长而变的更有价值，场所精神在其中重现与发展。界面中所出现的肌理效果是时间给予其自身的一种自然状态，它具有不可复制的属性，在空间界面中是独一无二的且流露出自己的特质。重新改造的新空间可以根据其自身的功能属性，将这些界面理性的运用到功能分割的实际空间中，同时部分界面还可用于空间的装饰上，常用手法是暴露在结构上的界面在满足实际承重功能又可起到空间的装饰效果。

2.家具、陈设

家具需要符合墙体界面、空间结构、空间氛围的调性，他们之间是相互联系相互制约的存在关系。旧建筑改造后的新空间，设计者们可以挖掘旧建筑空间中所留下的旧物件，在此基础上加以重组与创新即可生成新的家具，这些新家具放入空间中既能满足基本的使用功能，同时将原有旧建筑空间的历史文脉给予延续，在形式上还可增加空间与家具的多样性。这种新旧家具的融合通过灵活多变的组合形成空间中一道亮丽的风景线。旧建筑空间中原有的"废料"，通过重组的方式可以将这些"废料"运用到空间界面，既可以分割空间，同时也可增加空间层次感。当然也可以用作于家具陈设等方面，满足了人们的使用功能，同时具有历史文化的传承价值，空间中的旧物与非常现代的设计手法结合在一起，改变的是形态，不变的是内涵。新旧融合的旧家具会给人们全新的精神文化体验。

在旧建筑空间重塑后的新建筑空间中，陈设使二者的融合起到很大的作用。陈设相对家具来说，在空间中的置入就会显的轻松自如一些，因为它给体验者的物质需求相对是很少的，更多的还是带给人们丰富的精神需求。陈设作为美化空间的点睛之笔，重点研究其精神上给予体验者一种情感的美学价值，在视觉情感上如果说家具可以缓解新建筑空间与旧建筑空间界面与界面的呆板，那么陈设就可以主要起到家具与界面间的过渡关系，进一步打破空间的僵硬，柔化其新建筑空间与旧建筑空间的氛围，同时传递历史文化价值。

（三）旧建筑改造的空间重塑与融合的设计模式表达

1.统一与对比

旧建筑空间改造为新的建筑空间中，旧的空间要素与新的空间要素会给人一种不够协调的感觉，问题在于整体的新建筑空间的氛围与旧建筑空间的历史文脉、人文故事没有和谐的存在于空间中。所以在改造设计中需要将新的建筑空间与旧建筑空间理性融合，以统一与对比的模式将这个问题解决掉，不再感觉二者之间是矛盾的。二者的融合统一不是将各自的特质相互妥协，而是将二者共同的普遍性给予融合统一。比如墙体的一部分已经严重破损无法再利用，那么这部分墙体需要其它材质的介入，面对这种不同特性的新旧材质搭配所形成一定的对比，使得这面墙体与整个空间相互协调。针对对比与统一，可根据场地的需求选择对比模式或者统一模式，但是对比模式的前提是对旧建筑空间与新的建筑空间充分研究后使二者相互渗透与相互置入，模糊它们之间的矛盾，最终形成小对比、大统一的空间氛围。

2.整合与融合

旧建筑空间改造中，整合就像空间中到处散落着一个个小"点"，这些小"点"有的存在于旧的建筑空间中，有的存在于新的空间中，并且这些小"点"是非常凌乱的，这时用一条线将这些小"点"理性梳理后串在一起，并协调旧建筑空间要素与新建筑空间要素的融合关系，这样为下一步的空间的融合模式提供有利条件。

在旧建筑空间的重塑与融合整合模式梳理中，二者存在的矛盾是需要解决的，最终目的能够达到二者要素"旧对新吸纳与新对旧延续"。面对这种情况可以采用新旧空间相互融合的模式，基于二者相互平衡的存在关系，使新旧空间获得融合的状态。通过对旧建筑空间与新空间相互融合，含蓄的隐藏掉二者的"隔阂"，空间中存在的界面、表皮、家具、陈设等构成要素都是相互关联，而非独立存在，使新建筑空间与旧建筑空间一直存在互动的关系，同时更理性的为人们诉说着历史文化、场所故事。融合与整合设计模式会保留旧建筑空间中的旧物，同时结合新物延续发展，使得空间处于物质与精神两方面共存。

第三节　旧建筑改造更新中差异并置手法

一、差异并置中把握对比与协调

在知觉认知体验中，客观物体进入认知范围的，首先注意到的是它的颜色、形状、大小等一些直观的外在表现特征，它们在人们的感官中形成一定的印象，这些印象往往是感性的，彼此之间没有形成一个明确的联系；而当人们基于一定审美经验，将物体彼此之间以及自身内部各组成部分之间的关系一并纳入参考的范围，这时候的观察与感知就是理性的，事物彼此之间那种关系结构以及这种关系结构表达得理性与否就成为我们审美评价的重要依据。也就是说，理性的美，其实是处理好事物与其他事物以及事物自身的关系结构。所以，在旧建筑改造新旧并存的事物中获得强烈的美感，关键在于要把握好"协调"和"对比"的力度与比重。

（一）对比与不同

在事物之间及事物内部之间存在的复杂的关系结构中，我们首先要明确的概念是"对比"不等于"不同"。"不同"只是在陈述一种差异性，我们可以说A不同于B，这种差异性是没有任何比照的，因此我们很难将A与B联系起来而获得一个稳定的关系；而"对比"除了表达差异性之外，还突出一个"比"的概念，即比较、参照，那么在表达事物之间差异性关联中，对比就比不同上升了一个逻辑层次，A和B之间通过建立一个清晰的结构关系，明确地区分开来，同时表达了一种强烈的相互作用。

因此我们可以说，"不同"是对比的必要条件，而不是充分条件。在许多艺术领域内，对比的手法都经常被用来表达某种特定的艺术效果。例如在文学作品中喜欢设定一定的条件，将矛盾的双方集中于一个完整统一的艺术体中，构成相得益彰的呼应和比对的关系。运用这种手法，有利于通过充分凸显事物之间的矛盾，来放大事物彼此的本质属性，加强艺术感染力。

"结构关系"在城市建设中也是尤其的重要。建筑环境发展更新迭代日新月异，各种风格的建筑层出不穷，尤其在历史环境更新中，建筑逻辑不明确，导致城市失去风格，失去内在的结构。不同时期不同风格的建筑之间如果只是单纯的创造差异，仅仅沦为对立的两面，就会显得混乱不堪、格格不入。建筑师应充分理解差异的本质，梳理调整"新"与"旧"之间的结构逻辑关系，将它们巧妙联系和结合起来，创造出真正的具有艺术感染力、经得住推敲的美的"对比"。

（二）对比与微差

说到对比，然后就有了对比的近义词——"微差"。要素之间显著的差异是对比；而不显著的差异就是微差。就设计的形式美而言，两者都不可或缺。对比是事物之间通过相互反衬来放大突出各自的特性，在变化中求得统一；微差则是寻求事物之间的近似性来求得和谐。

不难看出，这里的微差实质上是类比的表达形式，对比和微差实质上都是在描述一种"关系"，是一个建筑或者一个互为整体的建筑环境组成部分之间的一种布局状态。在建筑设计领域，无论从单体到群体、局部到整体、内部空间到外部形态，为了寻求和谐统一和变化，对比和微差都是不可或缺的设计手法。

和谐源自差异的对立。反差很大的视觉要素罗织在一起，使人感到明显的强烈的视觉冲击，我们称之为强对比。在旧建筑的改造扩建中，强烈的对比是通过新建部分的形式、材料、空间、体量等与旧建筑形成巨大反差，刻意制造冲突，采用和周边环境截然不同的手段，来达到戏剧性叙事的创作节奏，实现旧建筑扩建中的对比统一。而将反差微弱的视觉要素罗织在一起，使人深刻感受到二者之间的和谐联系性，我们称之为弱对比。甚至新的部分采取局部模仿旧的形式，这样的结果必然是极度地自制，削弱新旧之间的差异、减轻新建部分对旧建筑的冲击，新老实现和谐统一。强弱对比本质上没有明确的界限，在设计中综合运用。强对比是突变的、强烈的和冲击的，弱对比是渐变的、平缓的、更具有连续性。

（三）协调与相似

协调、对比是事物之间辩证的两个方面。《论语·子路》中有"君子和而不同，小人同而不和"的说法，"和"是指不同元素的和谐配合，"同"是指相同元素的统一。中国古代先哲就讲究"气韵相合"，同时又做到"和而不同"。

在人的视觉认知体系中，相类似的事物总是被不自觉地联系在一起：例如，颜色相同或相近的物体分布在一起的时候，在视觉上就会呈现出一种颜色，即呈现的是一个整体的组团；即使混入其他颜色的物体，同一种颜色的物体仍能明显的被区分开。这就是"相似导致统一"的基本知觉原理，在建筑设计中经常被用来使新旧建筑之间产生相互联系，但效果却经常有优劣之分。

　　只有在当整个集团具有某种结构暗示关系时，才能更好发挥稳定的作用，统一离不开内在的关系结构。通过寻求关系结构建立起来的协调关系就比仅仅依靠相似度把事物简单的分配到一起要高明许多。所以，视觉延续并不是单纯的仿制和重复再现。这就揭示了为什么城市历史环境中在每个建筑形式相似的情况下，还是彼此脱离、互相排斥，那是因为新旧建筑之间并没有通过呼应统一的城市肌理产生强有力的联系，容易使我们的设计陷入到纯形式主义的矫揉造作和艺术审美的倒退守旧之中。倘若在城市街区中，新旧建筑能够共同形成一道"街道墙"，共同延续城市结构和城市文脉，就能达到"协调"的效果。

二、差异并置在旧建筑改造中的语言模式

　　美是关系，在创造差异的旧建筑改造中，"差异"之间各自的关系以及表征的强弱就成为改造关心的对象。在旧建筑改造领域，差异的存在不可避免存在彼此之间和自身内在矛盾或者不合理，但是这种不合理的表象不是并置差异的目的。利用差异并置的方式进行设计，用新的衬托旧的，或者新旧交织共同构成一个有机的叙事整体，激活旧建筑的同时，激发历史的原真。

　　依据历史旧建筑的不同属性和差异的"关系结构"以及在改造中对旧建筑及建筑环境采取的态度不同，我们可以将差异并置在旧建筑改造中的语言模式分为强调冲突性的异质差异并置和突出统一性同质差异并置两大类，而细分又分为三大类，即反向冲突、类比扩充和消隐统一。所谓"质"，《广雅》记：质，躯也，本意即为"本体"；哲学范畴的"质"，是指事物区别于其他事物的内在属性。总的来说，"质"指的是具有区别于其他事物的内在属性的本体，在本文中指旧建筑改造中使用的构成元素。

（一）异质差异：强调冲突性的差异并置

　　强调冲突性的差异并置，新旧元素极度不同，无论是从本体上，还是从结构形式上都完全区别于既有建筑的差异并置方式。这种是将差异放大化，通过强调冲突性和戏剧性。新旧元素通过反差，强烈的对比，彼此之间的特

性被进一步加强与放大，给观者感官上造成强烈的刺激，为旧建筑带来了更多的魅力。在视觉上表现为大与小、虚与实、纵与横、繁复与简洁等等对比意向。新元素或新建部分以与旧建筑完全相反的姿态并入历史场景，以自身的形象烘托旧建筑的主体地位，或者与旧建筑共同构成新的场所精神，达到与既有建筑的和谐共生。强调冲突的方式追求的结果无外乎两种：一是强调新的魅力，通过视觉冲突凸显新和旧各自的时代特色，彰显其革新精神和时代性；二是处于主导地位仍是旧建筑与旧的建筑环境，通过反其道行之，色彩、材质以及构图的不同差异，旧建筑的主体地位得到凸显与强化。

（二）同质差异：突出统一性的差异并置

统一性是旧建筑改造是设计所追求目标。尽管异质的差异并置手法也强调反向对比突出和谐统一，但二者采取的方式不尽相同，甚至可以说一定程度上是相反的。同质差异并置，采取与历史建筑历史环境相仿的姿态，在创造差异，保证时代性不被埋没的前提下，用现代的技术手段和建筑材料，延续旧建筑特有的质理，达到和谐统一。这种差异并置以类比的方式达，在旧建筑改造中，是以既有的建筑为主导的设计方式，重点考虑旧建筑改造后在视觉上的合理性与和谐感，目的在突出统一性与整体性。

新建部分采取类比延续既有建筑元素特征的手段，退居到补充辅助的角色，为既有建筑增色。根据元素的不同属性和旧建筑的地位呼应的强弱，又可以分为两类：

1.类比

类比的手法，是最常见的表现形式，也表现为微弱对比，强调是新旧建筑之间的紧密承接关系。新建部分或扩建以尊重既有建筑和既有历史环境的态度，介入到历史建筑的场景中，努力寻求二者的共同之处，与之取得相融洽。通常采取的手段有延续利用历史材料、对旧建筑进行质理的模仿以及历史符号特征的隐喻等等。主要体现在通过用类型学的方式对细部的转译、质理的延续、比例的模仿等等。建筑师莫内欧是类型学运用的大师，通常运用类比传统建筑，创造既不失传统韵味又彰显时代风格的新建筑，在历史环境中和谐共生。

2.消隐

差异并置方式是针对各国际宪章对旧建筑保护更新设计中，新元素介入的"最低限度干预"的态度，即在历史环境和历史建筑的更新过程中，最小限度地对环境中原有建筑及建筑环境做出改变。尤其是邻近历史建筑和历史敏感地带的旧建筑改造设计当中，通过消隐实现差异并置是对此态度最佳体现。例如在卢浮宫的扩建项目中，贝聿铭采取的将主体建筑全部下沉的手法，等等。通过消隐新建筑的体量，最大限度的保留既有的建筑环境的完整性，相比前面的方式，这是最低调、干预最小的手法。这也是为了突出统一性，采取差异并置弱对比的极致表现。

第四节　旧建筑的绿色改造设计策略

一、旧建筑绿色改造设计的目标

（一）合适的空间功能

所谓"适用"，即建筑的空间形式始终围绕功能需求来进行，节约资源和环保并不意味着不应降低使用功能。旧建筑传统改造中对于空间改造的目标体现出艺术思维主导改造设计、注重空间的装饰性，绿色改造设计对于空间性能优化的目标区别于普通建筑，具有更强的目的性和功能性，讲求功能适用，对于形式的设计探索应体现出"形式始终追随功能"的重要思想，如一扇窗的改造设计，首先不是一个立面风格的问题，而是建筑室内外之间阳光和空气交换的通道。窗户的设计首先应该根据房间的尺度，对光、热和空气的需求，确定它的大小和形式。此外，旧建筑的绿色改造是基于全寿命期理论的一种设计，通过追加后期投入，改善建筑使用性能，因此空间的绿色适用性统一通过结构和材料选择的灵活易变、可拓展性和适应性得以体现，一座易于改造并且进行持续改造和维护的建筑才会拥有更长的使用寿命和更高的使用效益。

（二）良好的室内环境

健康不仅仅是没有疾病或是不虚弱，而是身体的、精神的健康和社会适应良好的总称。健康不仅仅是人生存的一种目标，同时也被视为个人生活的一种资源和资本，追求健康成为了一种生活态度和主流社会观念。

首先，应该为使用者提供舒适、安全、环保的物理环境，室内环境直接影响着人类的生存和发展，其"健康"与否主要通过室内光环境、热环境、声环境、空气质量等室内物理环境来表达感受。当今化学建材的广泛使用，使甲醇、VOC等各种有毒物质严重影响建筑使用者的身心健康，部分国家颁布了立法和规范，如室内甲醛、矿物纤维、石棉、一氧化碳等有害气体的浓度应控制在0.15mg/m3内。目前对旧建筑的热环境控制大部分仍是以空调系统等设备来实现调节建筑室内的热湿环境。长期处在低温度低风速的稳定热环境内，人体体温调节功能减退，抵抗力下降。因此，改造设计应该尽量考虑合理的空间形式和围护界面与门窗对促进自然通风、围护界面隔热等积极的设计手段运用以获取健康的物理环境，同时尽可能地选用无害化的健康绿色建材。

其次，改造应力图创造能够使使用者处于健康的身体状态、稳定的心理状态，以及在团体内、社会上处于良好状态的空间场所。改造设计应考虑创造一些交往空间的形式为使用者创造更多的交流沟通机会。积极的融入阳光等自然元素，打破旧建筑传统建筑模式和钢筋水泥的壁垒，创造人与人、人与自然、空间与环境平等对话的场域。

（三）高效的界面性能

目前旧建筑使用过程中能耗中占最大比重的一部分采暖空调，约占总耗能的60%~70%。我国北方的采暖地区既有建筑是我国能耗的重大组成部分，北方地区的旧建筑有百分之七十以上为高能耗建筑，与同纬度气候条件接近的西欧或北美国家相比，我国北方居住建筑的单位采暖一般要多消耗2~3倍以上的能源。

采暖能耗高的主要原因就是由于围护结构的热工性能差，大部分采暖地区住宅外围护结构的热工性能都比发达国家差很多，外窗导热系数约为发达国家的2～3倍，屋面约为3～6倍，门窗空气渗透约为3～6倍，围护结构节能改造的重要性不言而喻。此外，室内照明系统等设备能耗也占用不容忽视的比重。

在绿色改造中，更加关注建筑使用过程的能源结构、供应方式以及新能源应用。对于既有建筑设备更新方案，不仅关系到本次更新所带来的直接节能效益，还关系到下次更新过程中的能源消耗。由于最初设计时布局的密度、位置、方位等因素，很大程度上决定了能量消耗的数量，而旧建筑的朝向、密度等对建筑能耗影响较大的因素在既有建筑的改造中很难改变，因此，旧建筑的节能改造具有一定的局限性，而通过提高围护界面的保温标准、提高暖气设备的效率等措施来降低旧建筑的能耗就成了改造节能实现的焦点。

（四）全寿命期的环保节约

建筑从最初的规划设计，随后的施工、运行以及最终的拆除、报废.形成了一个完整的寿命期。用生态系统观的视角看待建筑与生态环境的关系，建筑在全寿命期内介入生态系统，不断与自然生态系统交换能量、物质和信息，呈现一种动态性。这种动态性主要体现为一方面建筑从自然环境中吸取能量，又将能量转换为废物排放至外环境中，另一方面为建筑建材拆除对环境的破坏、新建材对资源的消耗。由此，在改造设计中的环保，应该在建筑全寿命周期内废物和废水的排放，依赖于植物绿化吸收转换建筑排放出的大量CO_2废气，节约水资源，充分利用可再生的清洁能源；另一方面减少资源和材料浪费，保护生态系统、减少环境负荷。

绿色改造设计的目标需多维考虑，既要关怀人的物质需求，又关注人对自然的向往，既注重人的生活质量，又兼顾自然的环境质量，谋求经济发展的同时，协调建筑与自然的和谐关系，妥善处理旧建筑、人、自然三者的关系，从而达到可持续发展的终极目的。

二、旧建筑绿色改造设计的特征

（一）利用天然环境元素

自然体系的建立，非但不会对建筑设计产生限制，相反会带来新的创作途径和可能性，甚至带来新的建筑语汇。要实现对旧建筑绿色性能的创造则应该将自然元素引入室内，以实现人工环境的自然化。阳光和空气是人类生活的重要物质条件，在旧建筑改造设计中对自然元素的使用可以是最大限度地获取和利用自然通风和自然采光，从而创造一个健康舒适的人工环境。罗马万神庙利用气压原理在圆顶顶部形成低压，使新鲜空气通过外墙圆孔进入神殿；我国北京四合院是传统的健康建筑，特点包括：冬暖夏凉、空气新鲜舒适，能保持有益于人体健康的自然气候，开敞的院子能够引进阳光、空气以及长波辐射，使其保持良好的气候环境。

而雨水资源化的利用更是成为近年来水文水资源学研究的热门话题，近年来，世界各地悄然掀起了雨水利用的高潮。德国的盖尔森基兴的日光村采用单户雨水收集利用技术，此外还在小区中心规划了渗水池，通过管道将小区硬质铺地上无法渗入地面的雨水收集并导入渗水池，渗水池一方面可以改善小区的微气候，另一方面将雨水回渗入地下补充涵养地下水。此外，绿化种植是人们对绿色生态的最直接感观，植物因光合作用蓄水特性和滤水功能而具有生态功效，覆盖在建筑外表皮可以成为其附加遮阳、保温层，同时软化建筑外表"钢筋水泥"的僵硬的形象，而将其引入室内又可以调节温度和空气湿度等功效，改善环境小气候，营造舒适的室内环境和生态意趣。

（二）运用本土材料和工艺

采用本土材料、施工手段不但能大量节约运输时间和成本，而且还能够更好体现地域特色和地域工艺，产生良好的经济效益和生态效益。石材、木材、竹子都是传统建筑经常采用的建筑材料，而今天，适宜技术巧妙运用这些传统材料一样可以演绎旧建筑的新形象。埃及设计师哈桑·法西一直探索利用本土材料和技术手段进行设计，他将具有悠久历史的土坯技术进行拓展，以特制的含有稻草的轻型土坯砖取代现代水泥，采用扁斧进行砌筑，节省成本、降低了施工难度，而同时土坯墙具有良好的热工性能，保温隔热效果良好，因取材当地的建筑材料保持了地域传统建筑的原味道。设计师运用地域材料的显性技术语汇也可以从深层次在隐性精神上唤醒了使用者的场所精神。窑洞这一传统民居形式通过就地取材、利用黄土所特有的保温隔热性能，达到了冬暖夏凉的节地效果。

（三）主、被动设计手法相结合

被动式设计是在设计创作中通过对建筑自身围护实体等的不同结合方式，构成特定的空间形态，诱导建筑室内自然散失的能量，按照人们需要的方式流动，促成建筑内部或周围环境相对舒适的微气候，满足建筑室内物理环境的要求，同时又不用或少用机械驱动的设备，从而达到既节约能源又减少排放的目的，其核心思想是把建筑对能源和资源的日常需求控制到最低。

查尔斯·柯里亚创造的"管式住宅"，形式就是一种有效的被动式设计手段，被广泛应用于住宅的设计中。在帕里克哈住宅的设计中，柯里亚将"管式"的概念发挥的淋漓尽致，为适应夏季与冬季的不同气候，降低能耗，创造出两种截然不同的剖面形式，并结合在同一个连续的空间内部。"夏季剖面"形成一个金字塔形的内部空间，即可以遮蔽阳光，又非常利于排除热空气，补充冷空气；"冬季剖面"则是一个倒金字塔形，利于获得最大量的阳光照射。这种独特的形式在柯里亚的低造价建筑中得到反复的实践，成为被动式节能策略的成功范例。

相对而言，主动式设计则主要涉及依赖于化石等不可再生能源而使用的空调，和照明系统，也包括利用太阳能、风能等转换的电能的方式，以及依赖于辅助机械和动力设备的太阳热能利用设备。其优势就是自主性比较强，不受地理位置和气候等外界因素的影响。缺点则为造价高，浪费能源和资源。

在旧建筑绿色改造过程中，通常首要考虑被动式设计的技术策略，用主动系统设计加以补充。传统地方建筑的独特形式，往往蕴涵着许多值得借鉴的被动式设计策略，它们往往利用建筑自身形态、布局、空间关系等被动式处理方式达到节能的目的。

三、旧建筑绿色改造设计的原则

（一）技术适宜性原则

技术对人类社会的进步起了促进的作用，但是技术的革新、接受和推广都是一个缓慢的过程，所以并不表明在任何地区、技术条件下一味地追求高技术。在旧建筑绿色改造中，应当在适宜、适度的情况下，积极发展高技术，主要推广适宜的中间技术，达到经济效益和生态效益的最优组合。适宜技术的运用已经成为绿色建筑技术领域广泛认同的原则。

（二）经济合理性原则

在旧建筑绿色改造设计中，经济因素是首要的和深层次的，这是改造实现的重要内容。不同地区经济水平不平衡是明显的事实，建筑作为一项物质生产，它的发展一方面取决于自身的生产水平，另一方面还取决于社会的消费水平。绿色改造设计中建立全寿命周期成本、能量效率的观念。通常来说，采取技术措施和新技术往往会带来初始投资的提高，但是在寿命周期余下时间内所节省的运行费成为收益，从而可大大降低年均寿命周期成本，而目前很多改造设计只注重初始投资，而不考虑包括运营耗费的综合成本。

（三）气候适应性原则

我国的地域辽阔，气候类型多样，在不同地域的建筑改造中，因气候的不同引起的改造侧重点也会不一样，旧建筑绿色改造与利用设计要十分注意区分不同气候区对建筑的影响，如寒冷地区的特点是冬季气候寒冷，改造重点是冬季的保温；而在南方热带地区气温炎热，建筑物改造重点就是注重室内降温、遮阳和通风；大陆性气候的建筑物侧重保证在冬天要供热，夏天要降温，建筑改造设计则要在保温和降温隔热两方面都注意。

（四）资源利用最大化原则

建筑如同人一样经历生老病死的各个阶段，但与人所不同的是，人身体是由各个器官共同组成，通过心脏的能源供给，大脑的中心控制共同完成生命活动，这种有机的生命机能基本尾在共同的寿命周期中工作的，当某一部分的机能终结后，很快会带来连锁影响，最终导致整个生命的结束。建筑则不然，一般建筑的功能寿命也许短暂，但是其物质寿命往往大于其功能寿命。正是建筑材料、空间、结构等元素的寿命长短不一致.为旧建筑再生提供了很大的可能性。因此，除了旧建筑的空间具有价值外，旧建筑的组成部分，如废弃的混凝土、钢筋、甚至室内建筑机械等，可以重新加工处理成为新的建筑材料用于建设或者其他用途，拆除的材料可以经过二次加工，制造成纤维板，活性炭等材料。如上海城市雕塑艺术中心中的雕塑，都是有由原来钢材工厂废弃的材料制作而成，延续了它的使用价值。

四、旧建筑绿色改造设计的策略

（一）空间形式优化

1.创造中庭空间

旧建筑空间内的中庭指的是在建筑竖直方向贯通的室内共享空间。中庭作为一种活跃的空间元素，汇聚着人们的视线，通常中庭空间往往成为建筑改造中最精彩的部分，成为旧建筑的"魂器"。因此中庭空间的处理是必须再三斟酌的。设计良好的中庭可以调节建筑内部微气候、引导自然通风和天然采光，有效降低建筑整体能耗，为人们提供交往、休闲、放松、亲近自然的交往场所。

中庭的形状和构造决定了两种自然现象：温室效应和烟囱效应。这两种效应的存在可以使中庭成为改善建筑内部环境的"自然空调"。热天，要利用烟囱效应，引导中庭的室内通风，带走热量，加强对流。只要在顶部安装可开启的大窗及可调节的遮阳格栅，在天热时打开天窗和遮阳设施，利用热压差可组织自然通风，从而使中庭内部获得低于室外气温的小气候。冷天，要利用温室效应来提高室温，由于顶棚玻璃吸收太阳的短波热辐射，使室内气温升高，而晚上的长波热辐射透不过玻璃，能保持热量。因此白天关闭天窗，让阳光进来；晚上利用遮阳装置增大热阻，防止热量散失。设计得当，中庭不需空调就能获得较好的热环境。

（1）室内空间加建中庭。如果建筑内部有较大中庭空间，那么就可以考虑在中庭内部的加建。新建的部分与原有建筑之间的衔接是要着重考虑的内容。为了解决建筑内部的采光和通风问题，通常会在新老建筑之间留一道缝隙。缝隙内的空间可以是一条通高狭长的共享中庭，也可以作为交通空间使用。

（2）室内空间改建中庭。当旧建筑的空间比较单调，或者内部采光通风条件不好时，需要在内部加设中庭以丰富建筑空间、改善室内环境、节约照明和空调费用。

（3）室外加设玻璃中庭。通过玻璃顶覆盖庭院的手法增加中庭，可以将原有露天庭院空间转化为室内空间或半室内空间，同时伴随着该空间功能的转换。

2.创造通廊空间

旧建筑空间通廊是指建筑中横向贯通的空间。顺着风向设计的通廊相当于水平风道，利用风压进行自然通风，在逆风面上把室外空气引进室内，在顺风面上把室内空气排放到室外，对室内进行自然通风换气。有玻璃顶或天窗的室内通廊的绿色原理类似于中庭，除了给建筑内部深处带来自然光线，还可以利用其温室效应在冬季取暖，利用烟囱效应在夏季组织自然通风，如设计得当，同样有采暖、降温、调温功能。

（1）在室内空间中创造通廊。对于大进深建筑，为了改善内部通风和照明条件，通常采用在内部增加室内通廊的做法。

（2）创造连接建筑不同部分的通廊。改造时将零散的不同部分的建筑空间连接起来进行整合，使建筑的各个部分达到和谐统一。这些新加的连接部分经常是贯通于建筑内部的，在视线上同样贯通，成为建筑中活跃的交通和交往空间。玻璃通廊是常用的连接形式，由于玻璃界面建构的空间具有交融性和复合性的特点，因而在建筑空间更新中，可以通过开放性的空间调节建筑的空间秩序，在老建筑的不同部分之间或新老建筑之间起到过渡和衔接作用。

（3）分隔气层空间。气层空间即将稳定的单层建筑外壳更新为可发生各种交换的流动，即将旧建筑内在空间外壳被替换为另一个或若干个空间。气层空间从性质上而言，将划分内外空间的二维的静态立面更新为三维动态空间。从功能而已，可以作为外环境与室内的交换空间，将太阳能、光、植被引入建筑，更进一步引入亚自然气候、新鲜空气、流动水甚至雨雪等自然元素，使其在建筑内部扮演积极的角色，节约人工能量消耗。"气层"式的改造是指在改造中，用"气层"将旧建筑全部包裹或覆盖，形成屋中有屋、新旧共生的空间特色。新的气层空间中，新旧建筑生动地进行对话。使这个共享空间最好地利用自然光和通风是改造设计的重点。值得注意的是，设计时应充分把握气候因素，以免适得其反。

（4）利用屋顶空间。通过垂直加建的方式进行顶层延伸，对上层空间进行再利用。作为活动和休憩的空间。前提是原建筑的结构的承载能力达到要求。在屋顶可布置大量太阳能光电板吸取热能，还可在屋顶进行覆土绿化，一方面可创造出一片静谧的空中花园，提高居住环境的宜居性，给久居在水泥密封盒内的人们一个小天地，另一方面覆土绿化还可以提高屋顶的热工性能，防止屋顶吸收过多热辐射，有效提高环境的生态效益。可以种植轻型绿化以草坪并配置多种植被和花灌木等植物，也可以以乔灌花草、山石、水谢亭廊合理搭配组合，适当点缀园艺小品。

（二）围护界面改造

1.墙体改造

我国普通旧建筑中大部分是20世纪80—90年代建筑，绝大多数建筑的围护结构保温隔热性能差，尤其是严寒地带，即使厚度为370mm和490mm的红砖外墙。在相同室外温度下，传统红砖外墙比保温外墙的内表面温度低5℃左右，造成热舒适性差。

（1）运用外墙外保温技术。随着外墙保温技术水平的进步以及保温材料的推陈出新，建筑外墙保温手段越来越丰富，像是外墙内保温、外墙外保温、外墙自保温、外墙夹芯保温等，夹芯保温不适合用于建筑改造，外墙外保温是目前广为推广的一种外墙保温技术，相对于其他外墙保温形式来讲，能够有效保护建筑主体结构，延长使用寿命，能够基本消除热桥效应的影响，不会占用建筑室内空间，尤其是对于旧建筑改造来讲，工程造价较低，施工时无需室内搬迁，基本不会影响使用者的正常工作。

在外墙外保温材料中，有一种保温装饰一体化材料，可以通过粘贴或者干挂的手段直接应用于外保温施工中。相对于普通外保温做法，省去了设置加强网格布、抹灰层、饰面层等许多施工工序，可以根据外立面装饰要求直接选择适合的保温装饰一体化材料，施工工期短，降低工程造价，如果采取干挂法的话还能形成增加热阻的空间热阻，保温隔热效果更佳。

（2）运用太阳能墙体技术。新型太阳能墙体除具备普通外墙的功能外，还能作为一个能量转换装置，吸收太阳能为建筑服务。目前比较成熟，并可能广泛应用推广的先进太阳能墙体技术主要有双层皮幕墙技术和安装有玻璃的墙面这两种。此外，还可以通过相变材料、太阳墙（SAH系统）技术进行改造设计，但尚未普及应用。

双层皮玻璃幕墙又称为"呼吸墙"，是一种可应变的窗户设计策略，外层玻璃距内层玻璃之间的距离较大，通常在50cm以上，其外层玻璃一般是固定的，内层玻璃是可以开启或部分开启。在夏季，外层玻璃的上下通风口打开，室内空气通过下部通风口进入间层空腔，由于热压作用沿间层空腔上升，从上升通风口排出，气流一方面带走热量，降低空腔的温度，另一方面，内窗的开启可以将室内温度较高的空气引出排走，起到自然通风的作用；在寒冷的冬季可以将上下通风口关闭，由于外层玻璃的温室作用使空腔内空气温度上升，成为保温夹层、减少室内散热量，在炎热的夏季可以将上下通风口打开，使空气得以在空腔内流通，引入室内新风、带走多余热量和废气。如果将上部通风口连接到空调新风入口，则等于对新风预热，可以减少新风的加热能耗量。双层皮玻璃幕墙技术很好的解决了室内空气质量和建筑节能之间的矛盾，利用自然通风提供室内换气，同时又能解决太阳辐射和开窗所引起的空调负荷的增加。

在墙的外侧加一层玻璃，便成了收集太阳辐射的设施，与没有安装玻璃的墙面相比，减少了对流和辐射造成的热损失，从而使墙面温度升高，也使得玻璃和墙壁之间的间层温度高于室外温度，应对不同的建筑和气候条件。

在旧建筑改造中，可利用太阳能墙体原理，在原有外墙加玻璃幕墙，其间留有一定宽度的空气间层，形成多层体系的缓冲层，并且通过幕墙外部上下开口和内部墙体不同的分割方式，组织空气间层内的气流运动方式，改善室内的自然通风，创造出健康舒适的室内空间。在空气间层设置遮阳、反射和隔热等设施。

2.门窗改造

门窗面积的大小及其热工质量的状况，对于室内热环境和能耗影响极大。既有建筑的门窗一般保温隔热效果差，窗户一般采用普通单面玻璃，密封性能相对较差。改善外窗的节能性能可以从调整窗墙面积比、改善玻璃和窗框的隔热保温性能、增强外窗气密性等方面来解决。

（1）改变门窗洞口形式面积或朝向。很多旧建筑为了追求立面效果，窗的位置和面积不当。窗的形式和面积不仅影响围护结构的传热损失，还影响建筑立面、室内采光通风以及人的视觉感受。如增大窗户面积，有利于充分利用自然光照明，减少照明的能耗，冬季南向窗户有利于接收太阳辐射热以减少采暖负荷，但过多增大窗户面积，也会造成夏季不利的太阳辐射热，进而增加空调负荷。而在原窗口设翼墙，改变开窗角度，变可以避免日照、满足采光需求。设计中应将不同方案从能效角度进行全面比较，针对不同地区的气候特征和周围环境、生活习惯区别对待。

（2）更换门窗构件。目前很多老建筑中门窗改造中，通常将原有门窗换成塑钢门窗，改善窗户的保温性能，对于窗户的框架，应采用导热系数小的塑料、断热处理过的金属框材、钢塑、铝塑、木塑复合材料取代原有的实腹钢窗，保温兼顾美观。提高窗户的气密性，改造中在门窗的框扇中加设橡胶密封条，而IL在门窗框安装时采用现场发泡的材料，如聚氨酯保温材料，有效地处理了门窗部位冷热桥的遗留问题，达到应有的保温隔热效果。老建筑的门窗主要为单层玻璃钢窗，隔热性能较差。改造主要采用双层玻璃、中空玻璃替换原有玻璃。具体选择应首先要分析能耗来源和气候环境。

3.遮阳改造

遮阳技术是利用建筑围护结构上的构件改善建筑内部室内光环境，调节照度和光线角度，控制进入室内的热量，减少空调能耗。遮阳构件通过调整适当的角度对光线的反射、折射进行综合设计和合理调配，能够根据不同季节、不同太阳高度角，对太阳光线进行合理分配和引入。

（1）内遮阳与外遮阳设计。遮阳构件根据其安装的位置一般分为内遮阳和外遮阳。内遮阳经济易行，调节灵活，安装和拆卸方便，可以采用简单的布艺窗帘、卷帘等，也可以采用电动窗帘、嵌入式遮阳窗帘等。外遮阳无论是在隔热性能还是避免对周围环境光污染方面都优于内遮阳，是一种更好的遮阳形式。且种类多样，形式丰富，可以和建筑外立面及室外环境的塑造结合起来。

外遮阳构件可以分为三种，分别是水平式、垂直式和格栅式。水平式遮阳是使用最为广泛的，充分利用冬季和夏季太阳高度角的差异，利用遮阳构件的出檐部分遮挡阳光，这时适当的出檐尺寸就至关重要，既要保证夏季的有效阴影面积，又要保证冬季不影响阳光入射。垂直式遮阳的设计依据是太阳的方位角，对于东西向布置的建筑来说，更适于使用垂直式遮阳方式。格栅式遮阳则兼具两种方式的优点，适当的设计和调试，可以应对各种高度角和方位角的光线。除了混凝土遮阳板等固定遮阳构件，还有可移动和调节的遮阳构件。平板式遮阳和百叶式遮阳构件通常被设计为主动式遮阳，在人工或电脑系统的控制下，可根据太阳高度角和方位角，以及天气情况进行调节。

（2）遮阳构件与建筑的一体化设计。遮阳构件与采光构件往往融为一体，夏季，采光遮阳技术系统会调节遮阳构件的角度，阻止强烈的太阳光线入射室内；冬季，则再次调整角度，使更多的阳光折射进入室内，改善室内的光环境和热环境。因此，在进行遮阳改造设计时，一方面要考虑通过有效遮阳降低建筑朝阳面的外围护结构温度，另一方面又需要照顾到在季节变化时，遮阳构件对室内天然采光的影响。因此，绿色建筑遮阳设计应该是动态的、综合地考虑对建筑运营经济性和舒适性。随着绿色建筑技术的不断发展，遮阳构件所具备的功能越来越多元化，其遮挡光线只是最为基本的功能，而通过技术手段控制，往往兼具采光、通风、隔声等多元功能，通过与太阳能光热和光电板相结合，可以将吸收来的太阳辐射转化为能量供建筑使用。将流线般、充满韵律感的遮阳构件作为造型元素也成为设计师一种新的技术表现手段。

4.屋面改造

　　屋面的保温隔热改造手段除了普通正置式屋面以外还有倒置式屋面、架空隔热屋面、种植屋面等。正置式屋面采用的是防水层设置保温层上部的做法，这种屋面由于保温层设置在防水层下部，所以应该特别注意防止保温层发生吸水、冷凝和冷胀等现象对屋面造成破坏，一般需要每隔三到五米设置排气口；倒置式屋面是相对于普通正置式屋面来讲的，防水层设置在保温层下部，这种屋面由于保温层设置在上部，无需考虑设置排气口，屋面较为平整，所以如果考虑将屋面设置为室外活动区的话，可以采用这种屋面，但是还需要特别加强对防水层的保护，因为防水层在保温层下部，一旦发生渗漏，很难进行修补；架空隔热屋面是采用双层屋面的构造方式，通过双层屋面之间空腔空气的流动带走室内对楼板的传热和太阳辐射，从而有效降低屋面温度，降低空调能耗。

　　种植屋面是通过在屋面上种植植物来阻隔太阳辐射，有效节能且还能够发挥良好的生态功效。但是这种屋面一般会对屋面的承载有更多的要求，如果采用这种屋面的话，应该充分核算屋面承载力，或采取必要的加固措施。在选择屋面保温手段的时候，应该根据旧建筑所处的环境气候条件、屋面的使用要求、结构形式、防水处理做法以及施工条件等因素，经过比较分析以后再确定适合的屋面保温手段，此外，种植屋面还可以延续到墙面，形成一体化效果。

　　根据相关资料查阅，屋面绿化一般可以归纳为三种策略：第一种为只有从高空俯视才能看得见的屋顶，主要为解决城市生态效益；第二种是既重生态又供观赏的屋顶草坪，一般是在人们不能进入但从高处可以俯视得到的屋顶上，其屋顶绿化要讲究美观，以铺装草坪为主，也可以用花卉和彩砖拼出图案，点缀色彩；第三种是集观赏、休憩、活动于一体的屋顶花园，这种形式充分节约了原有土地。

第六章　旧建筑空间改造与设计应用研究

第一节　街区及旧建筑组团的综合性更新改造设计

街区旧建筑组团综合性更新改造的关键在于集体记忆。因此下面针对集体记忆进行研究。集体主要强调了其普遍性，以区别于个体的、未被全体成员所共享的记忆部分。集体记忆是指在一个特定的社会群体中，社会成员记忆的共同性。集体记忆是社会成员获得群体认同的重要前提。

一、集体记忆的意义

集体记忆在作为对于城市社会与自然环境等方面要素的直观反映的同时，也是一种从社会与文化等多角度出发对于居民与其所处城市环境间关系的描述与研究手段，城市集体记忆的保留对于城市更新中传承与再现城市的历史与文化具有重要意义。

（一）集体记忆城市文化的内在发展

集体记忆是城市历史与文化稳定发展的内在因素。在城市发展过程中，一切新生事物只有在遵循城市集体记忆的前提下，才能够被全体社会成员所接纳并获得其认同，进而避免了在城市发展过程中可能出现的城市特色消失的现象，保持了城市历史与文化的稳定性。而城市一旦失去其历史与文化，对于社会成员来说就会变得陌生与冰冷，产生认同危机。

在我国当前快速城市化进程中，大量完全不属于城市的新事物被生硬强加于城市环境中，使得部分城市出现了城市个性特征不足，历史与文化产生断层，进而导致了城市特色消亡，集体记忆缺失的现象。

（二）有利于增强社会成员的归属感与凝聚力

集体记忆能够为全体社会成员所共享，有利于增强社会成员的归属感与凝聚力。集体记忆的产生是全体社会成员基于相似生活方式与文化认知基础上所形成的共同情感与意志，也就是集体意识。这种集体意识可以大到种族，也可以小到团体。而集体记忆正是维系这种集体意识的纽带，是社会成员获得集体归属感与认同感的重要前提。

（三）旧建筑的改造更新层面

建筑作为城市文化与居民意识的实体化表现形式，其中必然包含并体现了大量与城市集体记忆有关的要素。在旧建筑改造更新过程中，对这些要素的处理会直接关系到旧建筑改造更新后对于城市文化与居民意识的融入。而建筑又通过自身的社会与文化属性反过来影响城市集体记忆的传承与发展，并进一步作用于城市文化与居民。因此，对于旧建筑改造更新而言，集体记忆又可以作为一种基于文化、记忆与居民层面的对于建筑中新特质产生与融入的评价标准。

二、街区及旧建筑组团改造更新的作用方式

对于旧建筑的改造更新而言，街区集体记忆作为一种重要的影响因素与评价标准，其作用方式必然离不开文化与居民两个方面。文化与居民是街区集体记忆的重要构成要素，也是联系建筑与集体记忆的主要媒介。

（一）基于街区集体记忆

街区内旧建筑作为街区历史与文化的重要物化表现形式，对于街区集体记忆的传承与发展具有重要的推动意义。旧建筑中原有的符号、形式等要素通过沉淀并转化成为街区居民记忆的构成要素，进而建构街区集体记忆。

建筑对于街区集体记忆建构的整个过程都是以街区居民和文化为核心的。对于旧建筑中历史与文化要素的提取，就是要基于街区居民的认同感，通过建筑符号与结构形式等物化因素对其进行表现，并应用于旧建筑改造更新中，使街区居民在对于改造更新后建筑认同的基础上形成新的记忆与认知，进而推动街区集体记忆的发展。

（二）基于建筑

街区作为旧建筑所处空间环境，街区集体记忆就是对于旧建筑历史与文化背景的直观表述。街区集体记忆通过对于街区居民观念与意识的影响，进而作用于旧建筑改造更新过程，并对整个过程产生影响。

虽然街区内各旧建筑中都有其自身独特的风格与特点，其中所包含的历史与文化要素也不尽相同，但其改造更新过程都会受到街区集体记忆的制约与影响。在旧建筑改造更新过程中，新的材料、符号与结构形式的介入，也要基于街区居民的认同感之上，并与原有集体记忆要素间产生协调与对比关系。集体记忆正是通过对于居民的影响，进而在旧建筑的改造更新中作为具有不同特性旧建筑改造更新的整体人文环境来对整个过程产生影响。

三、街区及旧建筑组团的要素提取

街区及旧建筑组团提取的是街区集体记忆，街区集体记忆作为旧建筑改造更新中重要的选择与评判标准，是一种基于社会学与心理学的，针对于街区文化、记忆和居民的研究与评价体系。其发挥作用的主要方式是以街区内居民对于街区物质与精神层面内容的认知作为标准，来对于旧建筑中历史与文化要素进行分离与提取，并将其应用于改造更新中，以使得旧建筑能够更好发挥其社会功能与作用。

在旧建筑改造更新中，街区集体记忆主要是以街区文化与居民作为媒介发挥其作用的。因此，除了对于街区现有物质条件与文化要素的收集整理，也要通过对于街区居民的访谈与调研等方法来归纳和提炼改造过程中的关注点。

（1）对于旧建筑的记忆。对于旧建筑的记忆主要是指旧建筑在改造更新前对于街区集体记忆的融入性以及与街区居民间的关系，主要包括旧建筑的原有使用功能、与街区居民日常生活的关联程度、公共性以及辨识性几个方面的因素。

在旧建筑改造更新过程中，对于建筑功能的补充与置换也要以此为依据，并结合街区居民对于建筑功能的实际需求来进行设计，只有使旧建筑在改造更新后依然保留原有与街区居民关系密切的功能，并在此基础上增加部分居民需要的新功能，才能使建筑重新获得居民的认同，进而传承与建构街区集体记忆。

（2）对于改造更新的期望。对于旧建筑改造更新的期望是指街区居民基于当前街区内物质空间与文化现状，结合街区集体记忆相关内容，对于建筑在功能、造型以及公共性等方面提出的期望与要求。街区居民对于改造更新的期望主要包括对于建筑功能的需求、建筑风格与改造更新方式、服务人群以及社会效益等方面。

对于街区内旧建筑的改造更新，不能一味以追求经济效益为目的，必须要结合街区内居民的实际需求，使建筑尽量能够延续其在街区中的功能和作用。而对于建筑中新增加的功能与元素，也要基于街区居民认同的基础上，避免因新元素的加入而产生陌生感，割裂街区集体记忆。

四、街区及旧建筑组团的影像保留

旧建筑改造更新中街区集体记忆影像的保留主要是从建筑符号与空间意象两个方面入手，通过建筑中材质、形式、构造做法等细节处理与使用者的空间感受来再现街区集体记忆。不同于建筑外部形态与内部功能方面的处理，集体记忆影像的保留所强调更多的是在微观层面上对于建筑细部与空间的把握与处理，并通过这些微观层面内容中所包含与体现的集体记忆要素，来达到对于街区文化、记忆与居民的呼应。

（一）建筑符号的结合

建筑符号是对于建筑中各种物化要素的统称，通过对于建筑保留门楼中南洋式风格符号的提取与应用，并在此基础上在加建部分加入闽南传统建筑符号及其变异形式以及部分现代化符号，结合介入与渗透等处理手法使二者间关系和谐统一。在丰富建筑外部形态基础上，保留建筑的多元性与可识别性，进而传承街区集体记忆。

（1）传统符号。通过对于保留门楼中拱门、圆窗、线脚与台基等元素的提取，将其运用于加建内部广场入口与建筑南侧沿炮仔街立面中，使得建筑南立面整体呈现一种南洋式风格，以营造立面的统一感，呼应原有街区文化。此外，对于剧场复原部分也按照有关资料进行原样复建，保留原有建筑符号。

（2）现代化符号。在建筑改造更新中加入现代化符号能够推动建筑的发展与进步。该项目中在保留建筑整体风貌传统性的基础上，加入了如天窗、玻璃连廊、采光中庭等现代化材料与构件，并通过对于现代化元素的弱化处理以减少新旧两部分元素间的对比关系，使得二者间能够实现新旧共融。

对于建筑内部空间处理方面，则大量采用现代化材料与装饰做法，与建筑以传统风格为主的外部形象形成对比，体现建筑的现代化特征，避免使整个改造更新成为对原建筑修旧如旧的静态保护过程。

（二）空间意象的营造

建筑中各部分空间意象的营造是建筑获得街区居民认同的重要途径。空间意象所体现的是街区的文化与记忆，在建筑改造更新过程中，需要通过对于街区传统民俗活动的还原来为其创造相应的空间，并对这些空间结合适当的处理手法来体现其空间意象，进而体现并延续街区集体记忆。

结合前文所述建筑空间意象营造方法，在建筑改造更新项目中，对于空间意象的营造主要涉及以下内容：

1.空间的整体性

通过保留门楼与旁边加建广场入口对于建筑内外部广场空间进行限定。对于建筑外部广场空间的处理以简单为主，为居民创造更大交往场地的同时，也减少对于建筑的遮挡，使建筑与南侧炮仔街间形成一定缓冲空间。内部广场空间则以现代形式的玻璃项进行局部覆盖，并对于四周建筑界面采用现代的处理手法，营造空间意象的现代感，以推动街区集体记忆发展。

在建筑内部围合广场空间设计中，设置了具有特色的基础设施，以满足居民对于空间的需求。

2.把握尺度与细部

建筑基地紧邻古城规划保护区，周边用地紧张，建筑外部广场与道路空间尺度也相对较小。在设计过程中，通过对于建筑层数的控制来降低建筑高度，以减少建筑对于周边环境的压迫感。

通过在空间细部设计中融入街区本土元素，如具有当地特色的城市家具与市政设施等内容，使得街区文化与记忆能够与空间意象产生紧密联系，在传达相应历史与文化信息的同时，唤起居民头脑中关于街区的集体记忆。因此，在建筑改造更新设计中，对于城市家具等的设计可以借鉴相关设计内容，并与其保持协调与统一。

五、武汉青岛路片区综合性更新改造设计

武汉青岛路是始建于1861年，其原名为：华昌路，是老汉口的金融商贸区，聚集了老汉口80%的知名洋行，区域内有汇丰银行、盐业银行、花旗银行、麦加利银行、景明洋行、保安洋行、东正教堂、圣教书局、平和打包厂、鲁兹故居等大量英式风格的建筑，以及咸安坊、同丰里、同福里、同仁里、汉安村等民居群，青岛路片区规划净用地面积约131.6亩。

（一）青岛路片区原有旧建筑的内外更新改造

（1）外部的更新改造。青岛路片区保留下来的许多旧建筑整体较为完整，确立就这类旧建筑进行更新和改造的策略。还原建筑外貌和建筑风格，对破损的外立面处进行清洗修复、重新粉刷、缝补损坏砖瓦，采用填补机理的方式，整合其他建筑，形成整体风貌相协调的城市景观区；努力复原旧建筑的装饰纹样，并作适当的更新改造，在不影响其整体风格的前提下，加入新的建筑材料，尝试新旧结合的适应性更新改造的方法。

（2）内部的更新改造。对于旧建筑的内部更新改造，对基础部分进行初步的更新修复，受损的原旧建筑的载重结构、外围护结构、基础构件等进行加固和修复，门窗、楼梯等同样也需要对其进行修复和加固的处理。

设计出更新改造后的新建筑适应新时期社会环境要求而需要的新建筑功能的方案策略，并对其室内的结构和装饰风格进行具体改造，对处于不同区域的建筑和原建筑不同的使用性质对室内进行适当更新改造，让旧建筑的内部空间组织能够适应新时代的社会环境和建筑本身所需的功能需求。

（二）青岛路片区的新生建筑设计要求

在那些不适合保留而被拆除的旧建筑原址上可以新建一些新建筑，以完善整个青岛路区域的完整性。新修建的建筑应该尊重原有街区的文化和整体

风貌，从保留下的旧建筑和街区周围环境的特点中寻找出自己的定位，在整体外貌上，确定好能与旧建筑和街区相互融合统一的建筑形式和建筑风格；在细节装饰上，借鉴青岛路区其他建筑样式和有武汉地域特色的建筑来确定新建筑的具体细节样式。

此外，新建筑还课尝试加入新型建筑材料和新的建筑结构，利用玻璃、钢材等新材料将新旧建筑融合，将新的建筑手法与旧建筑的特点相互嫁接。青岛路区的新生建筑可建部分公共性建筑和加强地区向心力的商业建筑，但其前提条件是保证新生建筑与原有建筑的完整性、连续性。

（三）青岛路片区建筑环境的重塑与延续

由于青岛路片区的长江隧道途径部分荷载力较重，不适合修建过多的建筑群体，所以在隧道经过的地方规划出一段景观长廊，景观长廊与建筑相互围合的形成广场景观空间。景观长廊的设计可以减缓密集的老城区空间结构，还可以为附件居民与外来人员提供休憩的舒适环境。

保留下来的旧建筑更新与改造、新生建筑的合理性设计以及景观长廊规划布置，这些都涉及到青岛路片区原有街区的外部空间组织形式。建筑与街道之间的关系就是虚与实、阴与阳的关系，建筑的组织形式往往能够影响街道的外轮廓和尺度。将武汉最有地域性特点的居住民宅旧建筑通过修补遗存、填补机理、归整功能等的方法，整合和完善青岛路片区的外部空间组织形式。青岛路片区的更新与改造应该还原原有街区的基本轮廓和尺度，维护原有街道走向，重塑已消失的街巷空间结构，并与周边原有现存的街巷结构有统一关联，使青岛路片区的内部空间能够与外部空间有机结合。处于长江隧道上方的地块及其周边不会修建高层建筑保证安全。

（四）提升街区的集体记忆

青岛路片区更新改造能延续城市文化，一方面保留原有建筑，保存街道、巷子的空间组织形式，新生建筑与原有建筑相融合，建筑的外观、风格、形式、体量和街巷的轮廓、尺度使得其技能满足城市日益繁荣发展的经济需求，又能延续武汉地域性建筑文化；一方面还可将建筑的经典元素和关键因素，如：石库门、百叶窗、青石板等运用到新生建筑和景观中去，可为人群提供视觉和感官的窗口去品阅城市的文化脉搏和厚重的历史文化。

此外的文化延续的方法还有：在不破坏整体的商业体系下留出一定区域，保留老武汉摆摊卖早点，还有在新生建筑和街巷区域留有小部分居住空间，使得人文生活和商业规划相融合，让本片区的更新改造不单调死板，而是丰富立体。延续城市文化需要良好的硬件条件，而延续的手法需要多元化，利用一切可以利用的手段将青岛路片区的城市文化延续下去，也是将城市的历史文明延续下去。

总之，青岛路片区采用保护改建、新建融合等方法，重塑武汉街巷空间组织结构，将建筑的布局和街巷的空间形式整体统一组合，让这样的旧建筑群体重获其建筑自身应该拥有的价值，也展现了武汉地域性文化特色。重新规划和布置的建筑功能，满足了新时代经济社会发展的需求，提高了城市的经济活力体现了社会价值。青岛路片区的更新和改造不仅具有重要历史意义还为其他类似的旧建筑群改造提供了宝贵的借鉴。

第二节　公共文化及商业空间旧建筑改造更新设计

一、公共文化旧建筑改造更新设计

（一）公共文化旧建筑改造更新特点

1.改造更新的政府统筹

公共文化旧建筑多位于老城区，而老城区中存在的大量20世纪80、90年代的公共建筑进行系统性的改造，需要面对的是老城区中量大面广且与周边居民生活工作最为贴近的建筑与环境，若由业主自发的做系统性改造，其改造意愿很难统一，且涉及的部门众多，实际操作难度很大。

然而这批建筑绝大多数仍在正常使用，其陈旧且缺乏维护整理的外貌和周边环境已经产生消极影响。

2.改造更新的弥补

消除城市快速扩张建设过程中新老城区发展的不平衡，弥补老城区的短板。城市老城区一方面土地资源相对匮乏，政策资源分配少，大多经历过大量的粗放式的开发建设，导致传统风貌特色被破坏。另一方面城市基础设施久未更新，管网道路老旧，交通拥挤，建筑破败，人口密度一直高居不下，城市空间秩序和环境品质破坏严重。因此，公共文化旧建筑的改造更新不仅仅是风貌上的出新，更是老城区基础环境设施的弥补工程。

3.公共文化旧建筑的持续改造

由于公共建筑改造更新涉及的量和面积巨大，如此大的量的改造更新无法做到从里到外，从业态功能一直到外部空间风貌，到环境到景观全部都改造更新。因此目前这一轮的公共建筑改造更新主要是以建筑外部的改造更新为主，不涉及到建筑功能的调整。

宏观策略上，通过老城区基础设施及城市面貌的改善，为未来更全面的改造更新打下了良好的基础，为后续的转型发展提供了可能，例如，南京市太平南路改造更新的案例中的宝庆银楼，虽然目前只是立面上的改造更新，但是此次太平南路整体的改造更新为其将来再做更加深入的、系统的、从内到外的改造更新提供了良好的基础设施条件。

（二）公共文化旧建筑改造更新方式

1.改造原立面

基于原立面的改造更新主要指，在不改变建筑体量，墙体和洞口的位置的前提下，在原有的建筑立面基础上进行的改造更新。通过建筑立面构成方式的重新梳理，比例尺度等因素的调整，局部添加装饰构件，重新整理门窗，广告位和遮蔽管线等，可以达到调整或者重塑建筑整体风格形象的效果。

对于原立面的立面构成及尺度的关系的调整方式主要通过饰面材料、功能性附属物和装饰构件三种方式实现：①利用饰面材料的色彩，线条，材质，纹理等组合方式的差别来划分立面；②通过功能性附件，如遮阳板，广告位和空调室外机遮罩的样式及排列组合等调整立面比例；③运用装饰构件，通过发掘地方特有的装饰符号，将其运用到新立面中，体现建筑文化的地域性。

2.扩容原有建筑

扩容式的更新是指在原有建筑体形的基础之上，通过增加新的结构形式，对原有建筑进行局部形体的调整或者建筑空间的延伸与微调。需要注意的是，这种"扩容式"的改造更新方式是在原有建筑之外做加法，本质上是对城市空间的侵占，这种做法必须要在设计之初，多方论证，综合考虑空间尺度、效果、可行性和适用性，不能盲目运用。

此类改造更新方式的优点是，可以在对原有建筑进行局部功能补充的基础上，增加建筑的形体变化和立面层次，在新层次上，重新塑造风格的受限于原建筑的限制情况得到改善，立面的设计相对条件宽松，便于建筑风格风貌的塑造。

扩容式的改造更新可以在商业建筑特别是商业街区的改造更新中结合底层环境的重新梳理，会形成更有特点的"灰间""廊空间"有利于商业氛围的打造。也可以适用于老旧厂房改造为公共建筑的项目实践中，多用于建筑入口，通过增加局部的体块来形成入口处的门厅，并强化入口的形象。

适用于筑场地或者周边城市空间宽裕的情况下，原有建筑的情况较差或者既有建筑与改造更新定位之间的差距较大，需要更多的投入来实现，因此采取这种改造方式前要做好相关结构设计和造价预算。

3.改造的原建筑的表皮

改造的包裹式主要是指依附于原建筑的表皮包裹，采用金属幕墙，玻璃幕墙或其他幕墙形式，对原有建筑的外立面进行大范围的包裹，使原建筑立面隐藏于新表皮之内的做法。

包裹式的改造可靠后加的龙骨支撑新的建筑表皮，对原有建筑结构的影响较小，结构承载力强且施工装卸相对方便。在一定程度上受到原建筑立面构成的限制较少，只需要考虑原立面门窗洞口位置，同时可以起到遮蔽建筑立面上外部构件作用，利于建筑形体和立面的整体灵活重构，为建筑气质的改变提供了更多的可能性。这类通常适用于点一类的建筑改造更新。

以上海市北站街道社区文化活动中心改造为例，由于原建筑形体简单，饰面层为涂层和马赛克拼贴，不同材料之间的相关性低，连接关系突兀。建筑外立面也没有解决空调室外机的速罩等问题。由于建筑功能和性质的改变，需要体现社区文化中心的气质，所以建筑的改造更新采用的包裹式的改造更新，以更自由更全面的调整建筑风貌。表皮材料上采用玻璃和再生木板两种材料的结合，形成了立体连续的系统，使建筑形态和体块关系更加清晰。同时，将空调室外机隐藏在再生木材的表皮中，有效地解决了一体化表皮与功能结合的矛盾。更重要的是，表皮的组成来自石库门的屋顶形制，它通过形式的抽象和元素的提炼，呈现出富有传统神韵的现代简约风格。

4.替换外围护结构

替换式的改造是指在建筑内部和支撑结构不变的基础上进行的外围护结构更换的改造方式。可以对建筑立面进行彻底的改造更新，且立面形式和风格等只受原建筑的承重结构的约束。改造过程中能够有更大的空间去调整立面形式和构图，材料色彩和质感。

需要注意的是立面更换式的改造更新对旧建筑的结构影响很大，这种立面改造只发生在建筑外围护结构与建筑支撑结构分离且并不依靠其重量维持稳定性情况下。设计之初需对建筑结构等方面进行评估鉴定，充分论证其可行性。通常适用于点一类的建筑，或者重要节点处建筑的改造更新。

（三）公共文化旧建筑改造更新

1.公共文化旧建筑的道路交通改造更新

提高公共文化旧建筑内部的交通环境与效率，主要从解决交通拥堵和停车困难两方面入手。对于交通拥堵问题，在车流量等基本数据的调研统计的基础上，从路网的系统性调整梳理入手，加强引导和疏散，改造支路网微循环系统，并且结合老城区中的绿道等建立合适的步行系统。

而停车困难则可以通过优化停车方式，如通过建设多层停车库和配建路外公共停车等以解决公共文化旧建筑停车困难的问题。另外改善道路路面平整度和铺装，提高驱车和步行的通过体验。在改造更新过程中应避免对公共文化旧建筑街道进行大规模拓宽，保护公共文化旧建筑空间格局和肌理。

2.公共文化旧建筑的市政管线改造更新

（1）供水管道改造更新上，坚决保护优质水源区，对公共文化旧建筑供水管网进行系统彻底的改造，从根本上解决供水条件和供水环境中存在的问题，推进智能化供水系统建设，提供高效、人性化的供水服务。

（2）排水管道改造更新上，对公共文化旧建筑的排水管网进行梳理改造，实现雨污分流，保证工作生活污水排放顺畅的同时，保护好城市河道生态。

（3）电力管线改造更新上，要提高配网的可转供电率，分步骤、分阶段地改造架空线路，推进杆线下地。

（4）通信改造更新上，一方面从信息化发展建设的角度，在考虑多种运营商的情况下，预测规划改造区域内信息管网的需求量，合理增加信息管网的供应量。另一方面对公共文化旧建筑架空线路进行下地改造。推进综合通信管道、共沟共井建设，实现通信管道集约化建设。

（5）燃气改造更新上，需要提高管道燃气普及率，完善燃气行业地理信息系统、管网建模监控和数据采集系统。依靠科技手段提升管理水平，优化运行管理，为市民提供高效、人性化的服务。在燃气管网建设过程中，重点抓好新管材、新技术的应用，降低能耗。

（6）防洪排涝系统改造更新上，结合各地区的防洪标准，通过河道整治和雨污分流工程，逐步完善公共文化旧建筑的地面高程系统和排水系统，多角度综合地解决公共文化旧建筑中的受涝问题。

3.公共文化旧建筑的景观小品改造更新

紧密结合更新区域及周边人口分布情况，创造宜人的空间环境，尽可能地增加公共文化旧建筑绿地开敞空间，依托区域环境特征，合理布局各类街头绿地、社区公园，构建与景观节点或景观带联系的步行网络，形成开放的休闲空间。

完善城市家具如普通公交车站，公共宣传栏，报刊亭，废物箱，休闲座椅和城市雕塑，城市家具的设计宜与当地文化特色相结合，体现其文化特征，提升居民的归属感。地面铺装，一方面要注意对人流引导性，另一方面要注意生态性，适宜选用透水易渗透铺装材料，体现海绵城市的理念。

4.公共文化旧建筑的夜景亮化改造更新

从宏观而言，城市环境的夜景亮化改造更新，由城市规划部门结合各个城市地域特色，制定夜景亮化相关的规范或者导则，明确城市空间中重点区域的照明结构、空间序列和照明主体等，其次确定景观照明点、线、面结构的重要性分类与亮度、光色分级等。

从微观的角度而言，建筑夜景照明的设计需要着重考虑三个方面的因素，即建构筑物的性质、形态与外立面材质，建构筑物的性质决定夜景亮化需要表达的气质和渲染的氛围，形态特征明显与否则决定了是否采用轮廓照明的方式，而立面材质不同的质感、肌理常影响到泛光照明、强调照明或者内透照明的选择。改造过程中应当综合考虑以上三个因素进行照明设计，选择适合的照明方式，塑造夜景文化氛围。

（四）武汉社区干部学院改造项目设计案例

武汉社区干部学院位于武汉市东西湖区马池路特9号原武汉党员电化教育中心场地内。武汉社区干部学院总建筑面积约9496平方米，临近轨道交通及多个交通站点，交通极为便利。北临马池路，南望金银湖，西邻环湖西路，东为武汉睿升学校；建筑用地3.3万余平方米，维修改造完成后校园总建筑面积9464平方米。

设计理念：

1.传承红色文化精神

红色文脉元素溯源：延安枣园窑洞旧址、延安革命纪念馆、中央党校。

基本元素：圆拱形序列、自然土性材质、暖性色彩

图6　外观设计效果图

2.室内外一体化设计

（1）风格定位。建筑的室内外空间一体化设计所营造的场所精神与该教学空间相匹配的风格定位：庄重严肃而不至于陈腐呆板；时代感、灵活性

而不至于浮夸；素朴大方而不至于简陋、粗糙。室内外一体化设计效果图，如图所示。

（2）装饰材料「建筑化」所带来的建造低成本与维护低成本的使用经济性策略。剖面效果图，如图7所示。

该项目作为一个教学空间，平面功能组织上需首先考虑动静分区的理性及教学流线的便捷性。设计中尽量引用原始建筑交通流线系统。在厅右侧增加两部垂直电梯以满足教学交通的便捷性。

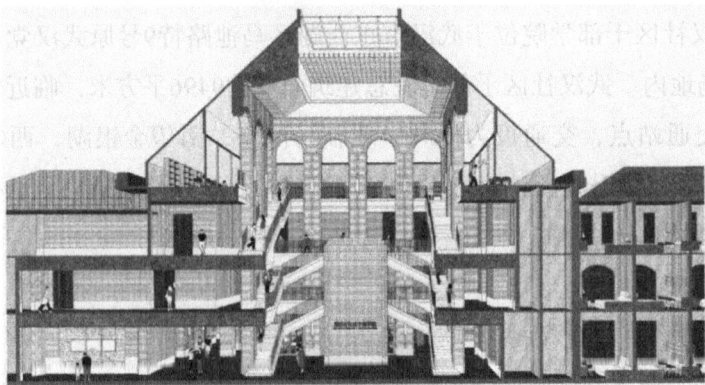

图7 主楼剖面图

（3）不同区域的改造展示，如图8所示。

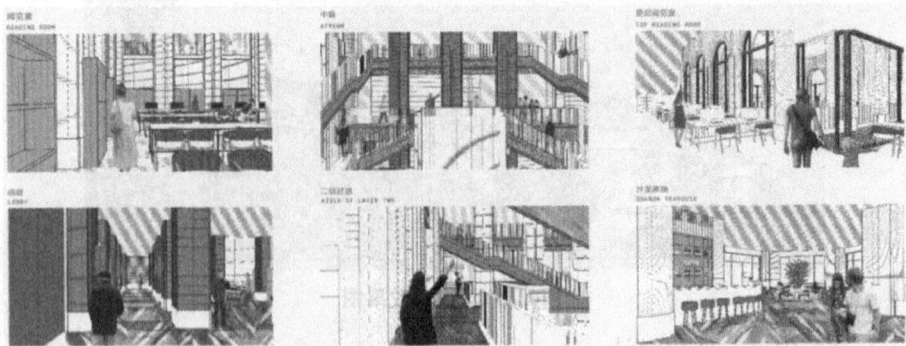

图8 不同区域的改造示意图

（4）最终改造后现场实景照片，如图9所示。

图9　最终效果

二、创意及时尚商业空间旧建筑的改造更新设计

（一）创意及时尚商业空间旧建筑的改造更新设计

随着我国后工业时代的来临及"城市化"的迅猛发展，带来了工业厂区及工业园的重新规划及改造建设的集中时期，自上世纪90年代以来,我国经济快速发展,产业结构迅速转型,传统手工业逐步被互联网等科技行业所代替,由此遗留下来的大量工业厂房再利用成为热点,在这一背景下,旧改型文化创意产业园开始出现在大众视野中.传统的设计经营模式侧重于对设计形式的研究与探索，然而，随着对设计认识的逐步深入，在更多的创意产业园设计实践及后期运营反馈中，逐渐意识到设计形式的完成仅仅只是设计过程中的一个环节，设计形式的表现是多种多样的，个性化的设计表现是要符合社会实

际情况，配合工作需要的。但是，这种观点也并不意味着设计要迎合实际需要，处于一种被动的状态，这只是早期阶段对材料的一种研究与分析。事实上，设计的使命更应该是主动的寻找探索方向，为整个工程的发展提供合理化建议。因此，从某种程度上可以说，设计的重点不仅仅在于个性形式的表达，而更多的是在于提供一种规划方案与思考模式。设计师不再仅仅是形式创造者，而更需要从政治、经济、人文、社会等方面考虑问题，参与到工程的前期策划中去，宏观把握全局，统筹规划，这样设计出的形式语言才是更加切实高效的。

（二）沌口创意产业园旧建筑改造更新设计

1.项目概况

（1）项目背景

沌口艺术中心是一个旧工业园区建筑改造的实际案例，项目的定位是处于一个城市更新的大背景之中，希望通过在一个传统工业区注入文化创意产业的概念以配合其城市空间结构的重新布局与区域功能的重新塑造，让这些旧工业园区在城市发展中重新焕发出新的生命力。将城市既有建筑与空间都视为城市可持续发展的有机组成部分，采取针对性的策略使其能转化为城市可再生空间资源，是我国当今城市更新进程中一个需要不断研究的课题。

武汉经济开发区工业规模及经济综合产值近年来一直处于武汉市领先位置，但在文化建设的投入与培养上相对薄弱，文化"软实力"与开发区经济"硬实力"已不相匹配。出于对第三次产业革命的爆发及传统产业发展后劲瓶颈的忧患意识，顺应经济全球化背景下的文化创意产业浪潮，催生了文化创意产业作为开发区产业结构优化升级的战略选择。

武汉现有在建与已建的各类型创意产业园区已达 45 家，每个产业园各有侧重，但总体水平不高，主导核心竞争力不够突出，相关地方政府的支持力度主要在税收及租金的优惠上，入住企业或个人基本上还是为独立的作坊式运作，而无雄厚资金投入来主导搭建一个公益性的文化艺术公共交流平台，以形成文化产业链的运转。因此在该项目的定位中，强调以武汉最大规模的专业美术馆与艺术品拍卖中心为园区核心主体，开发区政府主导运营，依托美术馆与艺术品拍卖中心这一艺术交流平台，可定期筹办高规模全国或地区性的艺术博览会、艺术展及专业的艺术品拍卖会，以此来带动园区在整个武汉地区乃至于全国艺术行业的影响力，吸引相关艺术产业及人士在园区的聚集，积极促进整个艺术园区产业链的良性发展。

（2）整体风格定位

该艺术创意园项目与国内现有很多的旧工业园区改造为文化创意产业园项目有所不同。例如：北京 798、上海苏州河 8 号桥、武汉汉阳造等创意产业园区，它们的特点大多是在 20 世纪 80 年代以前，并具有明显工业时代特征的旧厂房建筑基础上进行改造，保留那个时代工业建筑特征的概念是其基本的风格定位。本项目的建筑基本为 4 层框架结构，8m×8m 柱网开间模数，原作为轻型工业厂房生产加工空间要求设计。主体建筑为20世纪90年代左右所建，建筑风格上无明显的工业时代特征，因此在风格定位上不适合过于修饰地去模仿哪一个时期的工业建筑特征，而是根据建筑的现实形态关系去处理风格形式的问题，而不是固定为哪一种具体的工业建筑风格特征。从 18 世纪到 20 世纪 70 年代的工业时代，到 20 世纪 70 年代到 21 世纪的后工业时代，到今天的信息化工业时代，工业建筑也是根据时代变化而不断演化的一个过程载体，在园区改造的设计中就是根据这一时代演变线索进行片断化工业建筑特征的再解构与重构。一切从形式与功能密切结合的需求出发，尽量去营造一个有内在工业文脉精神传承，又富于时代多样性与活力的艺术创意园区。

2.规划原则

总平面设计时严格执行国家现行的有关规范标准要求，并符合规划职能部门对该建筑的规划 要点要求，在满足使用的条件下，必须满足消防、环保节能等要求，满足城市规划要求，实行近 期规划与远期规划结合，整体规划与分期规划相结合，为艺术园区长远发展留有余地，以人为本， 创造良好的园区环境。

3.基地概况

该项目建设用地相对规整，基地东面临湖，东西长约 139m，南北长约

347.8m。

4.总平面布局

该项目地块呈南北向长方形，原建筑呈围合口袋形布局。每栋建筑呈水平状独立横向布置，有半封闭连廊连接每栋独立建筑。

5.道路规划与交通组织

（1）出入口与道路交通流线设计

由于原建筑每栋独立使用，主次入口关系没有明显特征，内外流线关系较为封闭。改造设想将主入口安排在临主干道车城北路的临街建筑一侧，将建筑一楼墙体打通，形成一个内外交融的过渡空间，使人们能以最便捷的路径进入内院，并使内外景观通透而营造出不同的视觉层次感。作为艺术园区主体建筑的美术馆与艺术品拍卖中心，入口分别以大台阶及坡道形式安排在主体建筑的左右两侧，内部整个空间通过大厅、走道、展厅、楼梯、坡道等将各个空间串连在一起，形成一个方便通达的完整参观交通流线系统。作为一个开放性的艺术园区，强调与周边环境的通透性，园区保留原每个连廊的出入口，使整个园区四周都对外呈现一种开放性，整个园区成为市民可自由穿行、逗留、休闲的艺术氛围空间。

为增加每个建筑之间的游览通达性，将原每个封闭的独立建筑的一、二层靠内院一侧的墙体拆除，形成一个连接每栋建筑内部空间的开放回廊，使人们可以通过这个回廊的导向游览整个园区，同时使配套的商业铺面形成一种商业街的经营氛围。

（2）停车位设计

停车场区域主要集中设计在主体园区建筑群的南面，方便集中管理及使用。汽车位采用植草砖绿化铺地，配以树木，形成微型生态结构。

6.景观绿化

为尽量营造良好的艺术园区环境，丰富园区内及周边文化，在保留原有绿化结构的同时设置绿色植被和水池，为艺术园区内提供良好的休憩场所，创造和谐、优雅、环保、艺术氛围浓郁的可持续发展空间。

7.竖向设计

根据实际地形图及周边市政道路的标高情况，场地内尽量减少台阶的设置，而采用坡道的方式平衡并解决高差问题。建筑围合的内院统一为一个标高。

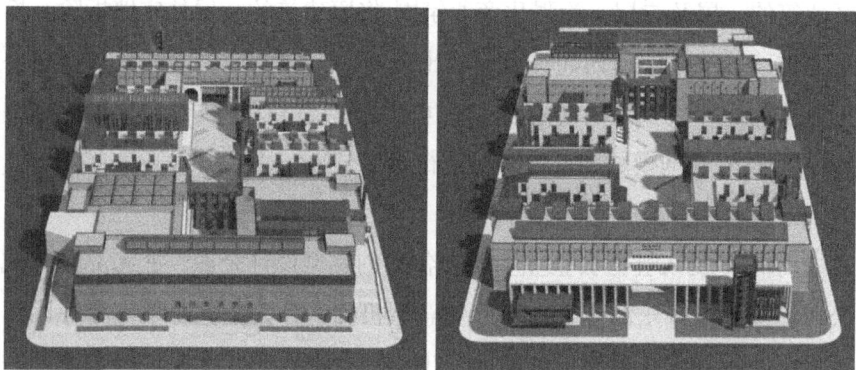

图10 设计鸟瞰图

8.建筑设计

（1）建筑功能分区布置

a.艺术园区的核心主体—美术馆及艺术品拍卖中心

美术馆及艺术品拍卖中心布置在整个园区靠主干道太子湖路一侧的临街建筑组团，考虑美术馆作为大型公共建筑的特点，在建筑组团左右两侧形成的空地上，加建美术馆和艺术品拍卖中心的大厅公共区域，以形成大开间、高空间的大尺度公共转换空间。美术馆及拍卖中心的主厅都设置在二层及以上部分，通过与建筑合为一体的大台阶及坡道转换至二层大厅入口，以强调艺术公共建筑的纪念性特征。形成的建筑负一层可作为画库及办公之用的配套需求。在展厅内部空间的处理上，拆除三、四层局部楼板，而形成两层挑空的大空间展厅，使展厅具备展览大型作品的条件，也使得展厅空间更富于层次变化。为增加整个美术馆及拍卖中心的整体联系，增加一个连接左右建筑空间的连廊，使整个空间交通流线呈回字型，形成一个参观环线。在室外空间上使美术馆与拍卖中心形成一个相对独立的中心内庭院，内院两侧安置连接每层的残疾人行坡道，使整个内外空间成为一个富有多重视觉体验的整体组团。

b.配套商业

艺术园区的配套商业主要为艺术会所、酒吧、时尚餐厅、画廊、书店、时尚设计产品展厅等与艺术氛围相关的商业项目。配套商业空间主要安排在园区建筑的一层及二层，为强化商业氛围 将原建筑的一层外实墙拆除，换置成透明玻璃墙体，建筑四周都可开启出入口，方便商铺之间的穿行，对外展现出较浓的商业气氛。商铺的大小，可根据建设过程中招商情况进行调整，大体以8m×8m柱网模数为单位，可进行灵活分隔。

c.艺术创意机构办公或展示空间

艺术园区的入驻办公企业主要为各类创意型设计企业，艺术品经营或制作公司，摄影及音乐制作工作室等创意型机构，办公空间主要安排在园区建筑的三层，每栋建筑都有单独的办公出入口通道，与整个园区既可方便联系又不至于相互产生干扰。

d.专业艺术家工作室及画室

所有艺术家工作室及画室安排在建筑三、四层。考虑到画室专业采光的要求，在建筑顶部增加了朝北采光的天窗构造，使画室具有常规建筑中不可能实现的天光专业要求。工作室及画室也 可根据需求进行大、小开间的分隔，每个画室都配备休息室，卫生间。

图11 室外改造设计效果图   图12 改造后实景图

（2）建筑风格

a. 超尺度

在园区美术馆等主体建筑形式处理上根据大尺度公共建筑特点及城市立面形态的需要，以超尺度的大体块、大柱廊、大台阶等构造体现，并且在材料的使用上变化中达到统一，建筑表皮主要采用洞石、陶板、钢板腐蚀及金属槽板，色彩控制上也体现了当代性与工业艺术感。艺术园区地面材料与建筑表皮材料基本统一，强调园区的整体感。在细节构造的处理上，例如连廊部分形式特征上类似桥梁，结构处理上使用钢结构，更加体现开发区在整个武汉地区的地域重要性—工业开发区。超尺度的坡道及柱廊与城市常态建筑拉开视觉反差，以强调文化公共建筑的纪念性与厚重感。

b. 丰富性

为打破园区内原有建筑形态的平淡及规整，主要采取了体块造型穿插与局部增高的处理手段，合并片段空间等方式来丰富其空间的构成形式，体现艺术园区的空间多样性及丰富建筑群天际线的层次感。

c. 开放性

园区内设计中强调园区与周边社区的互动开放性。园区内建筑一、二层也采取了取消部分封闭实墙，组织成开放性的连廊与可视觉穿越的橱窗形态，使室内外交融为一体，人们可以自由穿行，休憩停留。人与景、人与人之间形成一个自由开放的灵动交流空间。

d. 展示性

作为一个艺术创意园区，艺术氛围的营造是设计中所关注的重点，整个园区都应该是各类艺术品展示的一个界面平台。展示的平台不仅仅只是建筑的室内空间展场，在室外的场地及建筑立 面的处理上，都为以后装置、雕塑、行为及产品发布等各类艺术表现形式上留下了许多展示空间或表现界面，充分体现艺术园区的公共开放性。在建筑立面的设计中，对主体建筑造型的变化上有所节制，以期望让园区建筑空间在后续使用中有各类艺术家的作品介入，使空间自身成为一个丰富和可吃寻 的衬托背景。

图13 室内改造设计效果图

第三节 基于文保前提下的历史建筑修缮性更新设计

　　基于文保前提下的优秀历史建筑的保护修缮要求尽可能少破坏、少干预、可逆性的修复方案设计，"修旧如故"的保护理念旨在尊重历史建筑原有结构的基础上，通过修缮改造使之既满足现代人生活宜居功能又保存老建筑的原来艺术风格，使人们通过历史建筑来了解历史事件真相和当时人们生活的环境，从而能引起现代人共鸣和更多思考。

一、武汉剧院文物保护修缮工程

（一）武汉剧院文物保护修缮项目概况

　　武汉剧院位于江岸区解放大道1012号，由中南工业建筑设计院.（现中南建筑设计院）设计。占地面积14967.72平方米，建筑面积8480.03平方米，建筑占地5034.28平方米。

　　作为一个大型剧院采用的是由砖墙、梁柱承重和钢屋架组合的混合结构，建筑风格典型的"苏式建筑"和中国民族风格形式融合的设计，西方古典主义的轴线对称构图、正立面竖向三段式构图、大屋顶、主楼突出、清晰的流线、深长的回廊等特征为典型特点，是同时代"民族形式"的典范。建筑整体造型线条简洁，大窗户大门，庄严典雅，整体形式大方、高阔、端正，塑造出庄重、伟大、高尚的气氛。1958年剧院初建成时主楼四周场地大面积铺设草坪，并结合成列的树木划分场地道路；场地四周共设置八个场地出入口，主楼四边场地均有出入口；主楼侧立面和背立面场地布置停车场；主楼前草坪中央原设有花坛。1969年，主楼前场地中央处花坛被拆除，并树立毛主席塑像，另设有门房、附房、职工食堂和设备用房。

　　武汉剧院建院以来，先后接待朝鲜、苏联、东欧、非洲及澳大利亚等10多个国家的文艺团体演出；接待兄弟省市文艺团体演出共1.5万余场。多年来，共创作排练了大型歌剧、舞剧三十余部，并多次获得国家级奖项，如中宣部"五个一工程"奖（《楚韵》）、《山水谣》）、第六届中国艺术节"优秀剧目"（《山水谣》）、国家舞台艺术精品工程"十大精品剧目"（《筑城记》）等奖项。近2000人参与的大型音乐舞蹈史诗《东方红》曾在此演出半年之久，1965年4月13日，毛泽东、周恩来、陈毅同阿拉伯联合王国、阿尔巴尼亚等国外宾在武汉剧院观看《东方红》。省市许多重要集会多在此举行，目前主要用作歌舞演出、会议召开、话剧演出的场所。

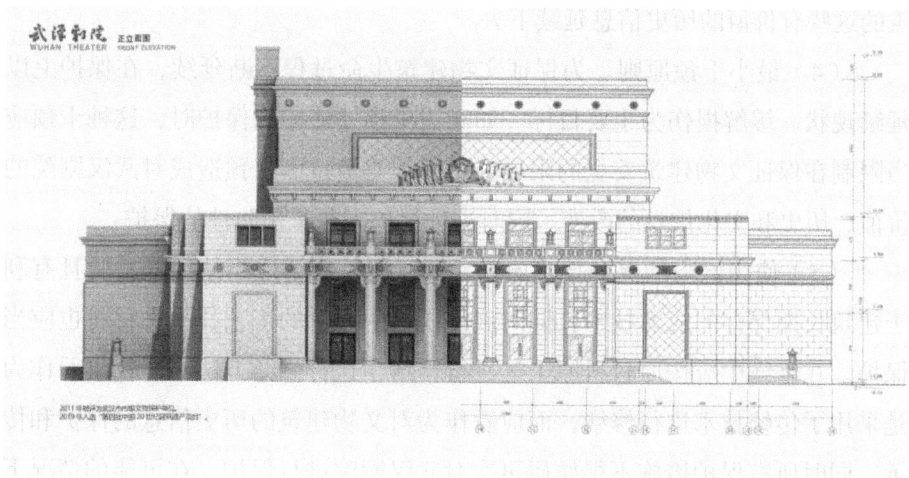

图14　武汉剧院外观

（二）武汉剧院文物保护修缮原则

武汉剧院的修缮工作以"保护为主、合理利用、加强管理"的保护方针，正确处理保护和合理利用的关系，使文物保护单位及其环境获得有效保护。修缮时坚持以不改变历史原状为原则，根据保护规定和原则，遵循以下原则：

（1）真实性原则。文物建筑本身的材料、工艺、设计及其环境反映了历史、文化、社会等相关信息。保护现存实物原状与历史信息，尊重它的历史真实性，对建筑的任何修复都必须建立在考证和历史研究的基础上进行，应按照建筑物原有的特征，材料质地、施工工艺进行修缮。

（2）完整性原则。武汉剧院的保护是对其价值、价值载体及其环境等体现其文物价值的各个要素的完整保护。完整性包括各个时代特征、具有价值的物质遗存等都应尊重。保护本体的同时，保证建筑及周边地区风貌的完整性，对周边的建筑、构筑物要视为构成武汉剧院总体价值的组成部分进行适当保留。

（3）延续性原则。在武汉剧院建成后六十年的时间中，建筑记录了大量社会变迁与人类活动的信息，形成自己独特的气质、特色和个性，要把建筑的这些有价值的历史信息延续下去。

（4）最小干预原则。为保证文物建筑生命过程不断延续，在保护上以延续现状、缓解损伤为主要目标。如确需干预才能得到保护时，这种干预应当限制在保证文物建筑安全的限度上，必须避免过度干预造成对武汉剧院的价值、历史和文化信息的改变。同时这种保护需要是预防性的保护。

（5）使用恰当的保护技术原则。武汉剧院修缮应当使用经检验且有利于建筑长期保存的成熟技术，同时武汉剧院中原有的工艺技术和材料也应当保护。在修缮中应按原材料原工艺进行修缮，这种修缮方法不能仅仅看作为是采用了传统技术进行修缮，而应看作为对文物建筑的历史信息的保护和传承。同时所有保护措施不得妨碍再次对武汉剧院进行保护，在可能的情况下应当是可逆的。

（三）武汉剧院外墙面的原材质和修缮方式

1.武汉剧院外墙面的原材质

原材质一：水泥砂浆饰面，黄色粗砂、砂浆颜色偏黄。

原材质二：外墙水刷石饰面，白色石子、粒径6～8mm水刷石饰面，砂浆颜色偏淡黄。

原材质三：腰线水刷石饰面，白色混合黑色石子、粒径4～6mm水刷石饰面，砂浆颜色偏黄。

原材质四：门窗框、墙面线脚、花饰，白色石子、粒径4～6mm水刷石饰面，砂浆颜色偏淡黄。

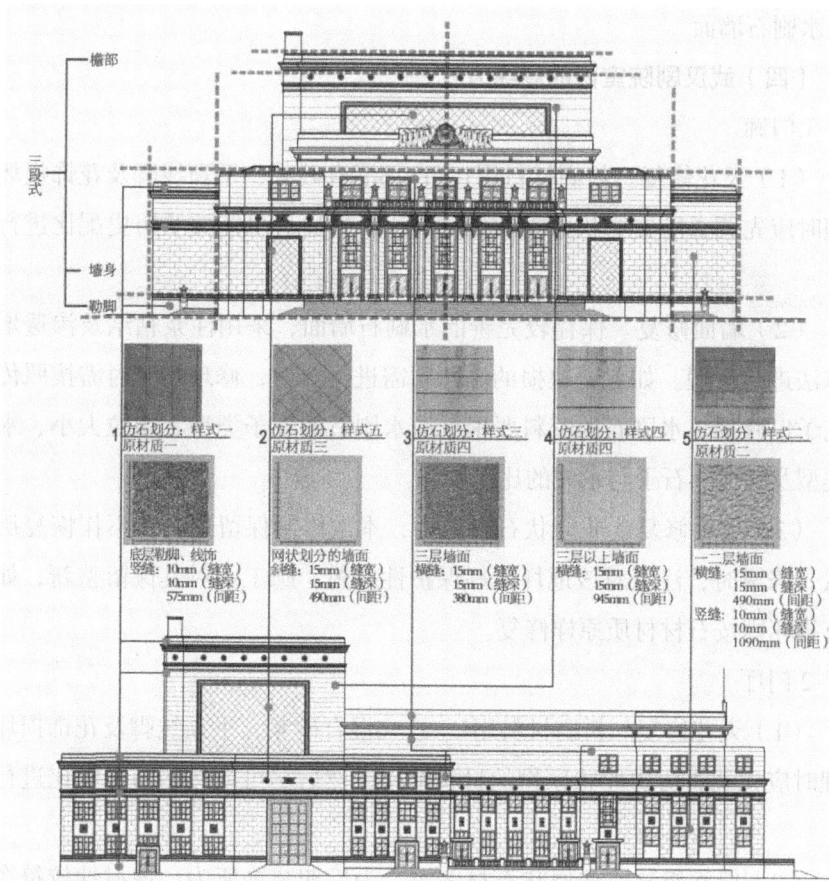

图15 武汉剧院外墙修缮设计研究

2.武汉剧院外墙面的修缮方式

外墙面的水刷石、民族装饰花饰是当时武汉剧院外立面建造的主要工艺和材料。外墙仿石划分样式主要四种：平行竖缝样式划分、"工"字样式划分、平行横缝样式划分、交叉网状样式划分。四种仿石划分不一样，其水刷石饰面也有所不同，砂浆颜色整体偏黄，石子颗粒有大有小，黑白石子配比有轻有重。

清洗墙面过程：①用专用脱漆剂脱去涂料，露出历史水刷石墙面；②用专用清洗剂（按各种污迹的化学性质选用针对性的清洗剂）去除墙面的所有污迹；③局部特别顽固的污迹采用物理手段（喷砂或打磨）去除；④用清水通洗水刷石墙面。

（四）武汉剧院室内的修缮方式

1.门廊

（1）天花修复。粉刷材料用1：1：6混合砂浆，平顶线脚及花饰损坏处修理时应先调查历史原状原物的材料配比，然后尽可能按照历史配比进行修补。

（2）墙面修复。保存较完善的水刷石墙面，采用注浆粘结及渗透增强的方法进行修理。如起壳缺损的墙面则需进行修粉，修理粉剧时需按照传统工艺予以修理。水刷石的配料要根据原水刷石的石子类型、颗粒大小、水泥的类型及颜色、石子与水泥的比例配置。

（3）地坪修复。非原状石材地坪，本次修缮保留现状，不作恢复历史原状。修缮时，注意对该地坪做好保护性措施，施工中对其保留整新，如局部有损坏则按石材材质原样修复。

2.门厅

（1）天花修复。粉刷材料用1：1：6混合砂浆，平顶线脚及花饰损坏处修理时应先调查历史原状原物的材料配比，然后尽可能按照历史配比进行修补。

（2）墙面修复。非原状石材墙裙，为后期装饰所为，该材性较符合其特定的环境。故次修缮该装饰内容不作改变。在修缮中只需对石材饰面进行保养养护。

（3）地坪修复。非原状石材地坪，本次修缮仍保留现状，不作恢复历史原状。修缮时注意对该地坪做好保护性措施，施工中对其保留整新，如局部有损坏则按石材材质原样修复。

3.走廊

（1）天花修复。粉刷材料用1∶1∶6混合砂浆，平顶线脚及花饰损坏处修理时应先调查历史原状原物的材料配比，然后尽可能按照历史配比进行修补。

（2）墙面修复。非原状石材墙裙，为后期装饰所为，该材性较符合其特定的环境。故此次修缮该装饰内容不作改变。在修缮中只需对石材饰面进行保养养护。

（3）地坪修复。非原状石材地坪，本次修缮保留现状，不作恢复历史原状。修缮时，注意对该地坪做好保护性措施，施工中对其保留整新，如局部有损坏则按石材材质原样修复。

4.休息廊

（1）天花修复。粉刷材料用1∶1∶6混合砂浆，平顶线脚及花饰损坏处修理时应先调查历史原状原物的材料配比，然后尽可能按照历史配比进行修补。

（2）墙面修复。非原状石材墙裙，为后期装饰，该材性较符合其特定的环境。此次修缮该装饰内容不作改变。在修缮中只需对石材饰面进行保养养护修木墙裙。

（3）地坪修复。清洗水磨石地坪表明的污渍，用工具和机械吹起法剔净缝内的灰尘和污迹，用中性的专用药水洗净裂缝两边的界面，待干燥后用渗透型专用注浆对裂缝周围的水唐石进行增强和固结，待干燥后用水砂纸打磨平整，与周围地坪一起打蜡抛光。

5.观众厅

围绕剧场的修缮内容是重中之重，上次修缮时已对剧场进行了功能性改造：包括平顶、墙面、舞台、灯光及座椅等内容，修缮至今已有时日，对其损坏和老化的部分进行修缮，对一些保存较好但与先进技术相比已呈落后态势的内容进行优化和改造。该次修缮除了前面提到的剧场地面结合暖通改造项目进行重做外，还对上次做的GRC装饰墙面进行了维修和优化，按历史图纸恢复并改造的剧场装饰平顶也需进行优化和修缮，最大限度地恢复其历史原状，对舞台的装饰也应做到恢复历史的原真性，包括其材性和工艺技术。

灯光布置舞台灯光和布置、乐池功能也尽可能满足现代剧场的使用功能要求，并处理好与文物保护要求之间的矛盾。

6.舞台

（2）墙面修复。对留金纹样进行现场翻模重做，清洗栅格装饰，重新粉刷材料用1∶1∶6混合砂浆，线脚及花饰损坏处修理时应先调查历史原状原物的材料配比，然后尽可能按照历史配比进行修补。

（3）地坪修复。检修原有木地板和木搁栅，更换损坏的木地板，加固木搁栅，材料及规格同原始木地板一致，检修完成后的木格栅需做防火涂料三度，然后按原规格重铺20厚毛板、20厚长条企口木地板，新铺设的地板采用柳桉地板，铺完后刨平、磨光后，上色做旧后做保护漆（采用耐磨漆或地板蜡）。

7.休息室

（1）天花修复。粉刷材料用1∶1∶6混合砂浆平顶线脚及花饰损坏处修理时应先调查历史原状原物的材料配比，然后尽可能按照历史配比进行修补。

（2）墙面修复。为满足剧使用现状搭配剧院整体风格，重新装修木墙裙。

（3）地坪修复。清洗水磨石地坪表明的污渍，用工具和机械吹起法剔净缝内的灰尘和污迹，用中性的专用药水洗净裂缝两边的界面，待干燥后用渗透型专用注浆对裂缝周围的水磨石进行增强和固结，待强度达到要求后用封口的注浆材料加上拌制与水磨石颜色相同的修补石粉对裂缝进行封口修补，待干燥后用水砂纸打磨平整，与周围地坪一起打蜡抛光。

8.会议室

（1）天花修复。粉刷材料与工艺同休息室作法。

（2）墙面修复。为满足剧使用现状搭配剧院整体风格，重新装修木墙裙。

（3）地坪修复。同休息室地坪做法。

9.楼梯间

楼梯间经勘察历史状态保存较好，本次修缮对其仍原样保护修缮，除平顶（粉刷线脚平顶）、墙面（水磨石台度和粉刷墙面）和地面（水磨石地面和水磨石踏步）进行保护性修缮外，楼梯金属花饰栏杆和木扶手也是重要保护内容修缮时注意对木扶手的保护，并做好饰面油漆（具有一定耐磨性）。花饰金属栏杆表面的油漆需出白清除干净，重做防锈漆，表面做醇酸调和漆。

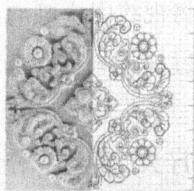

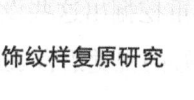

图16　武汉剧院装饰纹样复原研究

二、其他历史建筑的修缮性更新设计

（一）四行仓库西墙修缮性更新设计

优秀历史建筑保护需要遵循"原真性"原则，现实中的四行仓库西墙经过多次修补，被整个粉刷层包裹的严严实实的完全没留下半点炮火洗刷过的痕迹，如何逼真的做到"修旧如故"效果，现代高科技红外线扫描仪通过扫描墙体热成像变化来找到当年被破坏的弹孔残痕，为了进一步求证数据准确性，将西墙内侧装饰层去除后留下了原始红砖墙体和后来修补的青砖料印证扫描确定的位置，这样再结合当时战后拍摄的照片修缮成上图的效果。

残缺的上海仓库几个黑色的颜体大字与白色匾底形成强烈的黑白对比，同样灰白色的石灰墙面与残墙里面的黑色磨砂涂层又形成了色域上的面积对比增强了视觉冲击力将视线引入画面高潮，四行仓库西墙的视觉设计正是将一场爱国主义战争通过视觉语言的方式淋漓尽致的展现在国人面前，催人奋进不忘国殇。

（二）上海音乐厅大厅主入口修缮性更新设计

"修旧如故"修缮设计不仅要求外在形象上跟建筑建造之初风格吻合，更高的要求是历史建筑营造的氛围上让现代人感受到古今一贯的审美思想，它给现代人们同样美的精神享受。修缮后的上海音乐厅观众主入口厅风格辉煌，气势恢弘，通过对中央大理石重新打磨抛光后主楼梯可直接将观众引导至二层，欧式的水磨石地面与略带梦幻的纸筋灰带点金大顶交相辉映，天顶四周格子框均用贴金工艺加以衬托，暖色的墙体色调，明亮细格的拱形窗户，雄伟壮丽的柯林斯大柱，细密繁复的卷草纹样无不彰显着音乐厅的华丽与富贵，仿佛欣赏音乐就只有在这样一种天堂式的宫殿里才能让人忘却俗事升华到物我两忘的精神世界。

虽然这些视觉设计要素本身就存在于建筑的设计建造之初，但在新的修缮保护中还能充分尊重挖掘出这些设计语言并在视觉上加于强化，这就是保护优秀历史建筑中较好的视觉语言表述方式。

第四节　美丽乡村建设中的乡村建筑改造设计

我国在二十世纪初期，以梁漱溟、晏阳初等为代表，针对当时的乡村问题，做了相对系统的研究，并对后来的乡村建设影响深远。梁漱溟提出中国的根本问题在于乡村，乡村是社会发展的基础；晏阳初则强调以农民为本的乡村建设，注重农民的教育、生活等问题。现阶段，随着国家对农村问题的不断关注，社会主义新农村建设、建设美丽乡村等政策被提出，乡村建设发展到了全新的阶段。通过活化建筑的方式提升特色村庄的自身发展活力是学者们关注的对象，一些学者提出村庄特色资源应多样化利用。

乡村地区有着优美的自然环境、独特的建筑样式、深厚的地域文化及当地特色的工艺，这些都体现着村民生活的痕迹及智慧的结晶，形成了独一无二的乡村特色。但是，随着我国城市的不断发展，城乡二元结构的状态也愈加明显，乡村地区因基础设施、居住环境、交通条件等落后而难以满足村民对舒适生活的需求及游客参观体验的要求。因此，乡村中大量的农民进城务工的现象不断加剧，乡村中的土地、农宅闲置的现象司空见惯，甚至有不少乡村地区成为了空心村。这些情况都会导致乡村的传统建筑、特色文化因无人修缮、保护、延续而逐渐的消失，不利于我国乡村的发展及传统文化的继承，也导致了我国城乡二元化的进一步加剧。

乡村地区在我国历史及现代发展的过程中有非常重要的价值，如何通过合理的改造带动乡村地区的发展，为村民提供舒适的生活环境，为游客提供优美的观光环境及独特的体验空间，进而带动乡村地区的全面振兴，使城乡地区共同发展是我国当前面临的重要问题之一。

一、美丽乡村建筑改造的影响因素

（一）自然条件

（1）气候。我国地跨亚热带、温带、寒温带三大气候带，因此全国范围内的气候有较大的差别，其中，北方地区较为寒冷，南方地区气候温和湿润。不同的气候使得各地的环境、作物都有较大的差别，建造的建筑也有较大的差异。总体上说，我国北方地区的传统建筑因防寒保温的要求，建筑墙体较为厚重；南方地区的建筑以隔热通风为主，建筑较为轻盈，通透性较好。因此，我国北方地区的传统建筑大多使用夯土、砖石等材料砌筑较厚的墙体，在墙体的表面涂抹一定厚度的夯土或插灰泥使建筑具有较好的保温性。在建筑朝向的选择上，北方地区冬冷夏凉，建筑朝南最佳，其次为东向、北向，以朝西最差，建筑的布局以南北向布置为主。南方地区气候较为炎热，因此，对隔热性有一定的要求，建筑常采用空斗砖砌筑成建筑墙体、设置吊顶等方式来形成空气间层，提高建筑的隔热性能。此外，建筑的屋顶通常有较大的挑檐来避免太阳的直晒，以此满足隔热的要求。因南方的天井能有效的降低室内的温度，因此，在南方地区常采用高墙或层高较高的建筑围合出面积较小的厅井式院落的方式来降低周围环境的温度，以达到降温的目的。在建筑的排水设置上，经过长期的分析及实践活动，村民们设计了四水归堂式的院落以解决排水问题，即在天井和围廊之间挖一圈有一定坡度的明沟，屋顶上的雨水顺着瓦片滴落下来，顺势流到明沟的一角，并通过暗沟排到室外，完美的解决了庭院的排水问题。在对传统建筑进行改造的过程中，应根据当地的建筑风格进行合适的改造以满足人的们审美习惯，如对南北方特色的民居造型、庭院空间等，通过分析来继承、保护地域建筑的特色，使改造后的建筑能更好的体现乡村传统建筑的特色，为人们提供独特的观光效果。

（2）地形。我国幅员辽阔，地形种类较多，大致可分为平原、坡地、江河等类型，乡村建筑在建造的过程中会顺应着地形建造，因此不同的地形条件产生了独特的建筑形式。我国平原地区，地形对乡村传统建筑的约束小，建筑布局较为自由，主要以轴线式和合院式的布局为主。高原由于地形较为特殊，其与平原地区建筑的布局方式有一定的差异。黄土高原和草原是其中较为特殊的两种类型，建筑的建造方式也有较大的差异。黄土高原由于黄土沉积厚，当地的人们大多会选择在较为平坦的地面上建造房屋或采用挖窑洞的形式进行建筑营造活动；南方地区水系较多，建筑也多顺应地形、水系建造而成，形成独特的江南水乡建筑群，为观光者展示独特的水系景观及与其融合共生的临水建筑。

图17　乡村改造效果图

（二）乡村建筑

1.历史价值

乡村地区由于与其他地区交流较少，发展较为缓慢等特点而形成了浓厚的乡村文化，这些文化在村民建造建筑及使用建筑的过程中留下了烙印。我国乡村地区较多的传统建筑都有深厚的历史文化，如祠堂、衙门、贡院等公共建筑及豪商住宅等居住建筑，这些建筑凝聚了当地村民的智慧、民俗、文化，花费大量的人力物力建造而成，拥有较高的历史文化价值及独特的建筑风貌。评价乡村传统建筑是否有历史价值应当从多个方面综合分析，并不是年代越久、越破旧的乡村传统建筑历史价值就越高，也不是所有的豪商住宅、府邸建筑都是有历史价值的建筑，其评价的的重要依据之一是不可再生性，也就是说，只有建国以前留下的原物建筑才可能是历史建筑，任何一个仿古的宅邸、新建的宗祠等建筑都不具备历史价值。在改造的过程中，我们应注重对相关建筑进行评价、分类，对历史价值较高的建筑进行保护，通过合理的修缮使其成为游客观光的对象之一，发挥其历史性及文化特色，为游客展现独特的乡村历史建筑风貌。

2.乡土性

我国乡村地区的传统建筑因所处的地域不同，气候条件不同，其建筑造型、布局方式等也有一定的差异，但是乡村建筑有一个共性，即其都有浓厚的乡土性，能与周围环境融合共生，体现了我国乡村地区的建筑风格。如山西地区的窑洞建筑，通过在黄土高原中开挖居住、使用的空间形成了居住建筑及公共建筑，使建筑很好的融于自然环境之中；福建的土楼建筑就地取材，使用木材、红茹土营造而成，与周围环境和谐共存。我国乡村中的传统建筑有较好的乡土气息，主要原因是乡村传统建筑较多的使用了当地特色的建筑材料，如木材、茹土、竹子等建造而成，能与乡村环境很好的融为一体；有些建筑没有使用天然材料进行建造，但其使用的人工建筑材料大多取材于自然，如砌体砖就是使用当地的茹土烧制而成的，因此其也能与当地的自然环境融合共生，体现出很好的乡土气息。

3.现存状况

乡村建筑因建造年代、地域气候、建筑结构、材料及使用状况的不同，也有较大的区别，一般而言，以木结构为主的夯土建筑及砖木建筑不易保留其现存状况，建筑的墙面及屋面出现局部破损的现象较为严重，有些建筑仅剩下主体结构或墙面的断壁残垣。砖混结构由于砌体砖较为坚固耐用，使用砌体砖与混凝土材料砌筑而成的砖石墙面也有较好的整体性、稳定性，因此其破损程度也比木结构建筑轻。在对观光体验型乡村建筑进行的改造过程中，根据建筑的现状不同，将其分为现状较好、局部出现破损及破损严重三类建筑，对于建筑现状较好、历史价值较高的建筑应以修缮为主，展现其历史价值及独特的地域建筑风貌；对于建筑现状较好但历史价值一般的建筑，或建筑出现局部破损但又有一定历史价值的建筑，可通过适当的修补、加建等方式延续建筑风貌，并使其满足新的建筑功能；对于破损严重的建筑，常采用拆除重建等方式进行改造，通过使用从建筑上拆下来的材料进行重新建造，延续建筑的地域特色使其满足观光的要求，或通过使用新的现代材料对其进行改造，为游客呈现独特的建筑风貌。

4.建筑使用材料

我国乡村地区传统建筑的建造大多因地制宜，采用当地的材料建造而成，因不同地区建筑材料的不同使得建造的建筑也有一定的差异。总体而言，木、砖石、土等建筑材料在乡村建筑建造过程中使用的频率较高。木材由于质地温和、色彩柔和、触感较好及搭建的木结构拆卸方便、便于维修、抗震性较强等优点而在乡村建筑的建造过程中被广泛的使用。但木材也存在易受雨水侵蚀、防水性能差、易被虫蛀等问题，因此，在建造过程中常通过在木材下面垫上柱础石，将屋面出挑一定的距离来防止木材被雨水侵蚀。泥土也是乡村传统建筑建造的重要材料之一，其取材方便，造价低廉，常用于砌筑建筑的墙体，通过在泥土中加入竹筋、杉木枝等材料保证墙体的刚度。随着我国建筑材料及建造技术的逐渐提高，砖石也成为乡村传统建筑的建造材料之一，砖石防水性较好，砌筑的砖墙保温性及稳定性也比土墙好，因此，砖混结构的建筑在乡村地区也逐渐得到了普及。

同时，也有较多乡村使用当地独有的建筑材料进行乡村传统建筑的营造，如我国山东沿海地区因当地海草较多而使用海草建造海草屋；西藏地区由于地处偏远，木材少而石头多，因此其使用石块来建造碉楼，在满足建筑防御性的同时也呈现出当地独特的建筑特色；云南地区因气候炎热，竹子生长茂盛，因此其常常使用竹子作为建筑材料来建造竹楼，使建筑有较好的通风、防潮性能，为当地人们提供舒适的空间。

乡村脉络的独特性，传统建筑的乡土性、历史性都是乡村宝贵的财富之一，因此在改造的过程中，应延续传统建筑的乡土性、历史价值，为人们打造独特的乡村观光、体验环境。因乡村中的传统建筑较多的使用木材、石材、砌体砖、瓦片、夯土等当地建筑材料搭建而成，改造过程中也常选择原有建筑采用的材料及当地特有的建筑材料对其进行改造。同时，随着观光游客对乡村建筑的美感、舒适性的要求不断的提高，较多建筑师也将现代的建筑材料及现代的建造技术融入到乡村的传统建筑中，通过融合共生的方式打造独特的乡村建筑，使人们在感受到乡村建筑的历史性、乡土性的同时，在新旧材料的对比中体会到建筑的独特性。

5.建筑结构

我国乡村地区的传统建筑，根据其建造方式的不同，大致可分为木结构建筑、砖混结构建筑及框架结构建筑，不同的建筑结构呈现出不同的特色，给人以不同的观光效果。

（1）木结构建筑。木结构建筑在我国传统建筑的建造过程中使用的最为广泛，根据其搭建方式的不同将其分为抬梁式木结构建筑、穿斗式木结构建筑及井干式木结构建筑。这三种木结构搭建方式在我国乡村传统建筑中得到了广泛的运用。其中，穿斗式的木结构建筑通过柱子之间的穿插形成建筑的基础，并通过在柱子上铺盖檩条、瓦片等形成建筑的屋顶，为建筑提供舒适的空间，由于穿斗式木结构搭建的较为密集，因此其对木材粗细的要求不是很高。对于乡村地区开间距离较大的建筑，通过采用抬梁式和穿斗式木构架结合的方式搭建建筑的主体结构，即建筑两侧使用穿斗式木构架，在建筑中间搭建抬梁式木构架使建筑有较大的开间，满足其使用要求。

（2）砖混结构建筑。随着乡村建筑建造技术的不断发展，砖石在我国乡村中的使用得到了普及，其中以茹土砖的使用最为广泛。茹土砖是使用乡村中的茹土、粉料等材料通过焙烧形成的，其取材方便，防水性能好，砌筑而成的砖混结构也有较好的防水性、保温性、稳定性，能够很好的体现乡村的建筑特色而成为乡村传统建筑常使用的建造材料之一。在建造过程中，砖混结构建筑的墙体部分通过砖石错缝砌筑而成，并通过在砖石间涂抹水泥加强砖墙的整体性。建筑的屋顶部分使用木材、瓦片建造而成，通过在砖墙上铺盖木梁、木椽及瓦片等为建筑遮蔽风雨。

（3）框架结构建筑。框架结构建筑由于承载能力强、稳定性好、可开设较大面积门窗等优势而逐渐在我国乡村地区得到广泛的使用。在建造的过程中，其主体结构部分与围护结构部分分开构造，因此能建造出造型丰富的建筑。乡村地区框架结构建筑常采用的构造方式有预制装配式、水泥整体现浇式及装配整体式三种，预制装配式是将建筑构件在工厂中加工完成后运送到乡村的宅基地上装配而成的，其建造的工期短、搭建便捷，在20世纪初一度成为村民新建房屋的营造方式之一，但因其结构的整体性、抗震性较弱而渐渐被淘汰。水泥整体式建筑是通过在现场搭建钢筋、使用水泥现浇而成的，现代乡村中不少的小洋楼、小别墅均采用这种方法建造而成，其整体性、抗震性能较强。装配整体式建筑的建造手法是在工厂中加工好建筑构件后，将建筑构件运送到宅基地上现浇成主体建筑而成的，其建造周期短，整体性及抗震性较好，因此在乡村建筑的改造过程中得到了一定的运用。在乡村振兴的过程，可以使用该方法，将加工好的钢、钢筋混凝土、玻璃构件运送到基地中组装建造来缩短建筑的工期，保证建筑结构的稳定性并通过不同材料的搭建使建筑呈现出独特的风貌。

（三）建筑周围环境

乡村地区的农田、水塘、植物、果蔬等都形成了独特的乡村景观特色。其不仅为村民提供了良好的居住环境，而且与村民从事的农业活动有较大的联系。因此，村民们对乡村建筑的择址过程中，常常会选择在农田附近或水塘边建造建筑以方便从事相关的农业活动。同时，因乡村中宅基地的面积较大，因此，村民们往往会在建筑周围种植一些当地的植物及果蔬等来满足日常生活的需求，提高生活空间的宜居性。根据景观与建筑的位置不同，大致可分为庭院景观、入口景观和建筑周边景观三大类，不同位置的景观通常会采用不同的营造手法进行改造。

图18　乡村改造设计效果图

（1）庭院景观。根据乡村中建筑的围合方式不同，庭院空间以合院型庭院、U型庭院、L型庭院三种类型为主。其中，合院型庭院是通过四个方向的建筑围合而成，具有较好的私密性，可供家庭进行日常活动，因此，较多的村民会在合院型庭院中种植一些本土的树木、花草及果蔬来丰富庭院空间，并将其作为家庭内部活动的场地之一。U型庭院和L型庭院是通过三个方向或两个方向的建筑和围墙围合形成的院落空间，其私密性较合院型庭院差，农民常在庭院的四周或部分节点上种植一些当地的树木、果蔬等来点缀庭院空间，在作物丰收的季节也将其当做晒谷场用于晾晒谷物。

（2）入口景观。我国乡村地区对建筑入口处的景观较为重视，一方面由于入口空间是建筑与道路的缓冲区，对其进行建造有利于建筑与周围环境更好的融合；另一方面也由于入口空间作为建筑的门脸而对美观性有一定的要求。在景观的布置上，常常会通过延伸宅间小路的景观使建筑、入口空间及建筑周围的环境能较好的融合，较常见的手法是在庭院中种植宅间路上种植的树木、花草及果蔬等来展现乡村景观的特色。同时，在作物的丰收时节，入口庭院也常被当做晒谷场进行使用。

（3）建筑周边景观。乡村地区景观优美，其树木、花草等植物都是自然生长而成的，不少的爬藤植物也会沿着建筑的外墙攀爬，使农宅与自然景观互为背景、融为一体。在不同季节有不同类型的植物盛开，在作物丰收的季节农田也会呈现出优美的景色，向游客展现了乡村独特的风貌，为其观光提供了较好的基础。

二、美丽乡村建筑改造的原则与策略

（一）改造原则

我国较多的乡村地区拥有较好的自然资源，在发展的过程中逐渐形成了本地区独特的乡村风光、传统建筑特色、地域文化及习俗特色，这些都为营造优美的观光环境，打造特色的体验空间提供了基础。当前我国乡村振兴的理念已经打破了传统乡村改造的模式，更多是在基于乡村优美的自然环境、特色建筑、乡村文化的基础上进行改造的，从而带动乡村的产业、经济、环境等多方面的提高，并通过打造环境优美的特色乡村来满足游客观光体验的需求及村民对舒适生活的需求。

1.保护乡村脉络

我国幅员辽阔，每个地方的地形地貌、气候环境、文化等都有一定的差别，乡村地区经过几千年的发展，也形成了当地独特的乡村脉络。这种乡村脉络体现了村民对乡村环境及地形的适应，是村民智慧的结晶。在我国平原地区，地形对建筑群布局的约束较小，乡村建筑群的布局呈现出街巷式的布置，其道路以笔直平坦的路为主，建筑的平面布局也较为方正而形成了平原地区独特的乡村脉络，同时，在当地寒冷气候环境的影响下，平原地区建筑的朝向常以朝南布置为主，形成了典型的坐北朝南的建筑特色。

我国水乡地区乡村的脉络是在水体分布的基础上形成的，如江浙一带江南水乡的乡村，其建筑常常沿着河流而呈现出线型式的乡村布局形式，道路也顺着水体的走势而呈现出蜿蜒曲折的风貌；我国黄土高原地区的乡村因黄土堆积较厚，建筑往往靠着黄土断层建造，或通过挖掘较厚的土层形成窑洞建筑，其建筑群的布局也以自由分散式布置为主而形成了独特乡村脉络。此外，我国山区也有不少的乡村，这类乡村常常选择山地中较为平坦的地区，或者沿着山体的等高线建造而成，其建筑以组团式的布局为主，并通过在山体中建造宽度较窄的小路或踏步来满足村民的通行要求，这些乡村也较好的体现了当地独特的乡村脉络。因此，在乡村振兴的过程中，应对乡村的脉络进行保护、研究，在顺应乡村脉络的基础上对建筑、环境进行改造，打造独特的乡村景观，为游客提供独特的观光环境。

2.延续建筑风貌

乡村地区的传统建筑是乡村的活化石，是公认的具有独特美的社会产物。在建筑的发展过程中，不少的建筑大师都提倡根据当地的自然环境、传统建筑的风貌及现状、地域文化因地制宜的进行改造活动，形成具有独特性及文化性的美丽乡村。近年来我国不少乡村地区也致力于改造出有乡土气息、地域特征的传统乡村建筑，为游客展示独特的建筑风貌，满足其视觉上的体验及对乡村建筑文化的的了解。

我国幅员辽阔，不同地区的建筑，由于其所处的地理位置、气候环境、自然资源的不同而形成了独特的建筑风格。例如，北方的乡村建筑大多以合院建筑为主，其不仅能形成围合的空间来遮挡风沙，也体现了北方乡村村民以家庭凝聚力为核心的生活观。同时，合院大门的不同构造方式、建筑室内的不同装饰也体现了户主的不同身份，这些都展示了当地建筑的独特性及文化性，在改造过程中，通过延续相应的建筑风貌为人们展示建筑的独特气息。南方地区因气候温暖湿润、雨水充沛、有较多的河流水体而形成了与北方建筑风格大不相同的江南水乡建筑及闽南特色建筑。这些建筑因屋顶出檐大而显得非常的轻盈，其墙体不是很厚重，注重建筑基础的防水性，能够很好的满足村民的生产、生活要求，同时，由于南方地区雨水较多，江南水乡地区及闽南地区常常临水建造沿河建筑、骑楼建筑，这些建筑风貌都使得当地的乡村呈现出独特的气息。

因此，在对乡村建筑进行改造前应注重对乡村地区的气候环境、地形地貌及传统建筑的历史文化、造型风格、营造手法进行全面的了解，分析当地的气候、地形、文化对乡村传统建筑造型的影响，在继承乡村建筑外观的基础上，通过对建筑立面造型进行合适的改造使其呈现出独特的观赏效果。

3.融合地域文化

乡村地区在过去的发展过程中，由于交通不便，与其他的乡村交流较少等原因，不少乡村在几千年的发展过程中形成了当地独特的文化，包括思想文化、乡村习俗、宗教礼仪及工艺文化等，这些文化体现在村民的日常生活中，同时对乡村传统建筑的建造活动也有一定的影响。因此，我们应该将乡村文化融合到乡村建筑改造的活动中，使改造后的建筑能够间接的体现出乡村文化的特色，使游客能够对乡村文化有更多的了解。

同时，不少乡村地区还有一些独具特色的工艺文化，这些工艺大多与村民的生活密切相关，在村民长时间的研究、实践过程中，其将相关的工艺品制作的炉火纯青，甚至有些工艺品成为了我国非物质遗产的保护对象。对于乡村中这些独特的工艺文化，在乡村振兴的过程中应该给予保护、传承并通过建造工艺体验空间让游客了解到工艺的制作过程，体验工艺的制作乐趣，使工艺文化能够不断的发扬光大并成为乡村振兴的重要产业之一。我国不少乡村地区在振兴的过程中能很好的发挥传统工艺的价值，如贵州的乌吉苗寨村以刺绣工艺为特色产业，通过组织刺绣精湛的村民教游客刺绣的方式让游客了解到刺绣品的制作过程，体验刺绣文化的独特内涵，并通过工艺品的售卖来增加村民的收入，弘扬乡村地区的独特文化，实现乡村的全面振兴。

4.结合乡村环境

我国较多的乡村地区拥有优美的自然风光、大片的农田，这些都为观光体验型乡村振兴提供了很好的条件。同时，由于乡村地区与外界交流较少，农民们较多以农业生产为主，对自然景观、农作物的破坏也较少，使得乡村地区成为了环境优美、生活舒适的乐园，这些都吸引着城市的居民来乡村观光体验。我国幅员辽阔，从南到北的风景各不相同，北方地区更多以雄浑、壮丽的风景作为观光对象，而南方地区更多以水系、植物等作为观光对象，例如江西婺源利用油菜花作为观光产业之一而实现乡村的振兴，宏村地区则以当地秀丽的山川水景为游客提供观光景观。因此，在乡村振兴的过程中，应注重对乡村自然环境的保护及挖掘，以此作为观光的对象之一来打造独特的乡村美景。

5.村民共同参与

村民是乡村的建设者、维护者及乡村历史、文化的传承者。对观光体验型乡村进行改造的过程中，通过与村民交流来了解乡村的脉络、传统建筑的风貌及村民的生活方式，使改造活动更有针对性。在改造的过程中，邀请村民共同参与改造活动，鼓励村民提出好的建议使得改造后的乡村能更加契合村民的需求。通过鼓励村民对自家农宅进行翻新、改造将传统民居建筑改造为有特色的民宅、农家乐、民宿等建筑，在实现乡村振兴的同时不断的提高村民的收入。在乡村改造后，鼓励村民开发采摘园、手工艺坊、特色农庄等项目使其共同参与观光体验型乡村的建设，使相关的活动能更好的展现村民的生活气息及乡土气息。

（二）改造策略

乡村作为我国居住人口较多、占地面积较大的一个特殊聚落，承载着独特的地域文化与建筑特色，在充分挖掘乡村的自然风光、建筑特色、工艺文化的基础上将乡村改造成为具有优美景观及独特文化的观光体验地，不仅使游客在观光的过程中能放松心情、享受到乡村的美景，也通过营造相应的体验空间加强游客对乡村的工艺、文化的了解，带动乡村地区经济、文化、环境的全面振兴。

我国早期乡村改造的活动中，出现了两种极端的建造理念：一种是强调对乡村景观、建筑全盘的保护与继承；另一种是置乡村的脉络、自然风光、传统文化、建筑特色于不顾，照搬照抄现代城市中的小洋楼建筑造型而失去了乡村独特的地域气息和传统建筑价值，这两种方式都不利于观光体验型乡村的发展。在对乡村改造活动不断的研究、实践后，建筑师渐渐认识到了乡村改造活动是一个系统规划的过程，在保护乡村脉络、传统建筑的同时，应结合乡村的传统文化及现代文化、设计理念、建造技术对其进行全面的改造，使乡村的自然景观、传统建筑能更好的契合人们的审美要求，并以当地的工艺文化为基础营造出独特的体验空间，带动乡村地区经济、文化、工艺的发展，打造集地域性、文化性、历史性、舒适性、体验型为一体的乡村。基于此，本章节在对上文提出的改造因素、改造原则进行分析的基础上，提出了保护为主、融合共生、转换再生、整治新生四个改造策略。

1.保护传统肌理，继承地域风貌

我国乡村地区在长期的发展过程中形成了独特的乡村肌理及地域风貌，如平原地区对建筑的布局约束较小，建筑以朝南建造为主，路网较为规则平整。山地建筑由于其地势较为特殊，建筑在建造的过程中常常顺着地形建造而成。水乡地区的建筑与水体有较为密切的联系，因此其常常沿着河流建造而成，形成了独特的建筑风貌。根据不同地区的地形特征不同，建筑群也呈现出不同的布局方式，常见的布局方式有自由式、线型式、街巷式及组团式。在改造的过程中，应该注重对不同乡村肌理的保护与继承形成独特的建筑风貌及观光、体验环境。

（1）自由式。自由式乡村的建筑布置呈现出不规则的分布，其街巷划分没有统一的标准，乡村中因缺少核心区或轴线使得建筑呈现出自由分布的面貌，这种布局方式在山区、耕地分散的地区及江南水网复杂的地区较为常见。在山区，因地形复杂多变，村民们往往结合山势选择平坦的台地建造建筑，建筑分布的较为自由；在江南水网复杂的区域或耕地分散的区域，民居点往往也结合耕地或水网分散而呈现出自由式的布局。在对自由式布局的建筑进行改造的过程中，应该顺应当地的地形条件，选择地势平台、环境良好区域的建筑进行改造活动，在这方面做的较好的案例有瑶族村寨的保护改造活动等。

（2）线型式。线型式的建筑群是以一条轴线为骨架展开布置的，通过在轴线两侧建造建筑形成独特的乡村肌理。例如在我国的江南水乡地区，建筑群常常根据河流的走势进行线型布置，建筑在沿河一侧通常会设置出入口利用水上交通出行，沿着陆地的一侧也会设置出入口依靠路面交通出入，因此建筑能与水体及周围环境较好的融为一体。在改造的过程中，应该顺应建筑群线型式布局的肌理，通过修缮、改造沿河建筑的立面造型，组织河道观光流线等使人们体会到独特的水乡地区的景观，典型的改造案例有安徽鱼梁镇的改造、浙江乌镇的改造等。

（3）街巷式。街巷式的建筑布局较多的使用于平原地区，其用地较为规整，街巷纵横平直且以直角相交，其中，南北方向的道路较为宽阔，一般为主路；东西方向的道路较为狭窄，一般为入宅的巷道，这种布局有利于建筑有较好的南北朝向，保证建筑的采光。在改造的过程中，应顺应当地街巷式的建筑肌理进行改造，使改造后的建筑延续坐北朝南的朝向，与传统街巷能很好的融为一体，典型的例子如浙江卢宅村的改造等。

（4）组团式。组团式的乡村，其在布局的过程中是由若干个组团形成的，乡村中的道路连接着各个组团，组团与组团之间虽没有划分明显的界限，但是组团之间的关系还是较为明确的。如浙江的兰溪诸葛村、富阳的龙门村都是组团式的乡村布局。也有一些乡村以单独的建筑形成各自的居住组团，如我国福建的土楼建筑，其在布局的过程中以祠堂为核心区，通过围建圆形土楼、方形土楼而形成一个个组团。在组团式乡村改造的过程中，应顺应当地的乡村肌理对各个组团区进行合理的改造，并通过乡村道路的建设来加强组团间的联系，对于自成组团的建筑，通过对其适当的修缮来延续原有建筑组团的风貌，利用当地独特的乡村脉络及建筑特色为人们提供良好的观光、体验环境。

2.结合建筑特色，展示独特立面

乡村中的传统建筑大多以农宅、公共建筑为主，这些建筑在建造时使用木、粘土及砖石建造而成，建造年代较为久远，因此，部分建筑出现了较为严重的损坏、残缺的现象，难以满足观光的需求。但其作为乡村中建造年代较悠久的建筑，仍具有较高的历史价值，对于这些建筑，可采用融合共生的策略对其进行合理的改造、加建。对其进行改造的过程中，可通过使用木、土、竹子等乡土材料延续建筑的乡土气息。同时，也可以通过使用现代的建筑材料，如玻璃、钢材等材料对其进行改造，使其在延续原有建筑特色的基础上通过与新建筑的对比呈现出独特的风貌，并在新旧材料的对比过程中体现出乡村传统建筑的价值。根据使用材料、构造手法、改造效果的不同，将其分为延续共存和对立共存两类。

（1）延续共存。采用延续共存策略进行改造的乡村建筑有一定的历史价值和乡土气息，体现村民的生活状况及乡村文化。但是，这类建筑因建造年代久，使用过程中缺乏修缮而出现局部破损现象。设计过程中，常使用原有建筑使用的材料或当地的建筑材料对其进行改造，使其延续原有建筑的特色，为人们提供较好的观光环境。

（2）对立共存。现代建筑材料在坚固性、防水性、保温性、美观性等多个方面都有较大的提升，合理的使用现代建筑材料、建造技术对传统建筑进行改造，能够营造出具有独特效果的建筑立面，提高建筑的稳定性及热工性能，并以新的建筑为时间参考点，在对比中体现传统建筑的历史性及乡土性，为参观者展示独特的建筑风貌。

3.融合新旧文化，营造体验空间

我国较多的乡村地区有独特的乡村文化，经过几代村民的探索、实践，相关的文化发展的较为成熟，成为乡村的一大特色之一。在建筑改造的过程中，可以通过融合乡村文化打造独特的建筑，使乡村地区更好的发展，同时，也可以以乡村中的工艺文化为基础，通过改造一些乡村手工坊建筑、工艺体验空间使人们了解乡村的工艺文化。因工艺加工坊常需展示工艺的加工过程并教导游客制作相关的工艺，因此其对空间的大小有一定的要求。在我国乡村地区，有较多闲置的工艺加工间或工厂，对于这些建筑可通过合理的改造将其转变为工艺加工坊来发扬当地的工艺文化价值，或通过改造一些空间较大的民宅将其转换为工艺坊进行使用。同时，也应注重对现代优秀文化的吸收借鉴，将其体现在改造的建筑中使体验活动能更好的契合人们的需求。

图19　乡村改造设计效果图

4.整治观光环境，重现优美乡村

乡村地区有优美的自然环境，农田、植物、果蔬与乡村建筑融为一体，为观光体验型乡村的发展提供了较好的基础。因此，在乡村振兴的过程中，可以通过对乡村中的自然环境进行整治向游客展示乡村中独特的作物、观光田等景观，使其在观光过程中体会到乡村优美的风光。如我国城头古山城村遗址，就是将当地的农田、作物作为观光体验对象，通过在核心区种植湿地植物及树木，在其外围种植稻田将乡村中的作物景观转变为稻田博物馆，并在观光田上搭建架空的木栈道来建设集观光、体验、娱乐、生产为一体的乡村观光体验区，重现乡村优美的景观环境，展现乡村特色的作物来吸引游客前来观光、体验。从 2004 年开始，中央一号文件持续聚焦农村发展问题，分别就农村发展、农民增收、农业生产、改善农民生活质量和生活环境等问题，提出了指导性意见和措施。政府政策的大力支持，使得社会各界对乡村建设的关注度不断提高。随着建设社会主义新农村、建设美丽乡村等政策的提出，关于乡村建设的社会舆论空前高涨，越来越多的社会团体、建筑师及其他各界人士，投入到乡村建设当中。但是，我国的乡村建设在百年的发展历程中并没有形成完整的理论体系，当前乡村建设仍处于探索阶段。在具体实践中，结合乡村现状问题，提出建设方法和实施措施，实现原有乡村空间结构、建筑形式、村落布局等要素的更新和发展，构建生态完善、文明和谐、可持续发展的美丽乡村。

图6-23 乡村建筑改造实例

结束语

伴随着中国城市建设与城市化的迅猛发展，在城乡旧建筑的更新改造工作的过程中，由于理论与实践的系统性总结与梳理不够，在追求建设效率的今天，也产生了许多新的问题和矛盾，这些都需要我们重新审视与面对这些问题。当前国内研究大多从城市规划建设和建筑的保护更新研究的具体案例着手，出版了大量介绍改造工程实例的书籍，这类书籍主要从改造类型角度加以分类，介绍大量国内及西方旧建筑改造工程实例，并分类阐释不同类型改造项目的特点，对于旧建筑空间改造设计系统性的论述著作还不多。

本书期望能够就旧建筑空间改造设计的研究有一个系统性的理论概述，并且增加了一些不同类型的旧改实际案例作为支撑。希望能够给相关专业人士有一些参考与借鉴作用，本书的撰写得到了许多专家学者的帮助和指导，在此表示诚挚的谢意。由于笔者水平有限，加之时间仓促，书中所涉及的内容难免有疏漏与不够严谨之处，希望各位读者多提宝贵意见，以待进一步修改，使之更加完善。

参考文献

[1] 马超.旧建筑内部空间改造再利用研究 [D].天津: 天津大学, 2003: 20-45.

[2] 丁昕.基于既有建筑改造的养老设施设计研究 [D].南昌: 南昌大学, 2017: 45-66.

[3] 赵芸婷.功能置换型旧建筑改造中室内外空间转换的设计方法研究 [D].南京: 东南大学, 2017: 41-55.

[4] 孙鑫欣.基于场所精神指导下旧建筑室内改造设计研究 [D].沈阳: 沈阳建筑大学, 2018: 41-65.

[5] 张学刚.旧建筑改造中的节能设计技术分析 [J].地产, 2019 (22): 28.

[6] 刘明依, 刘斯颖.新科学观下的旧建筑改造设计分析 [J].山西建筑, 2015, 41 (04): 3-4.

[7] 彭晓丽.老旧建筑改造设计 [J].门窗, 2019 (09): 123.

[8] 张希晨, 刘林.旧工业建筑公寓型更新利用设计及改造研究 [J].工业建筑, 2014 (9): 18-21, 61.

[9] 奚江琳, 黄平, 钱汉成."大单位" 在旧城更新改造中对历史建筑的保护——以南京地区 "大单位" 为例 [J].现代城市研究, 2009, 24 (2): 39-43.

[10] 尹培如, 郑妙丰, 冉茂宇.泉州古城更新中的新旧建筑群体空间关系 [J].华侨大学学报 (自然科学版), 2008, 29 (1): 88-90.

[11] 张磊, 李慧民, 杨将.旧建筑更新改造的价值分析 [J].工业建筑, 2013, 43 (1): 4-8, 54.

[12] 闫启文, 刘彤.旧建筑的新生——寻回老城市的记忆 [J].美术大观, 2015 (11): 108-109.

［13］赵勇.人性化理念在建筑空间设计中的应用研究［J］.住宅与房地产, 2021
　　（06）: 111-112.

［14］马晓姝.建筑空间构成元素在建筑设计中的合理应用［J］.居舍, 2021（06）:
　　77-78.

［15］张鹏军.空间构成元素在建筑设计中的运用研究［J］.建筑与预算, 2020
　　（10）: 32-34.

［16］王无忌.建筑空间构成元素在建筑设计中的应用［J］.城市建筑, 2020, 17
　　（12）: 110-111.

［17］仲靖宁.建筑空间构成元素在建筑设计中的运用［J］.建材与装饰, 2019
　　（36）: 129-130.

［18］张亦弛.面向购物中心的旧工业建筑改造设计研究［D］.合肥: 合肥工业大
　　学, 2018: 12-33.

［19］彭芸霓.基于旧工业建筑改造的众创空间设计研究［D］.重庆: 重庆交通大
　　学, 2017: 21-44.

［20］范佳睦.旧建筑改造过程中空间的重塑与融合研究［D］.保定: 河北大学,
　　2017: 23-43.

［21］张晓征.面向商业空间的旧工业建筑改造设计研究［D］.北京: 北京建筑大
　　学, 2016: 11-27.

［22］周澎.旧工业建筑改造中的空间再利用设计手法研究［D］.西安: 西安建筑
　　科技大学, 2020: 27-31.

［23］张聪.旧建筑改造更新中差异并置手法策略研究［D］.广州: 华南理工大学,
　　2017: 31-46.

［24］张静.基于旧建筑改造的众创空间设计研究［D］.武汉: 湖北美术学院,
　　2020: 12-23.

［25］李灏滨.面向众创空间的旧工业建筑改造设计策略研究［D］.济南: 山东建
　　筑大学, 2019: 22-31.

［26］董莉莉, 王维, 彭芸霓.旧工业建筑改造为众创空间的适宜性设计策略［J］.
　　工业建筑, 2019, 49（02）: 31-37+79.

[27] 张新月.城市有机更新理论在旧建筑改造设计中的应用研究 [D].唐山: 华北理工大学, 2018: 21-32.

[28] 王峰.当今建筑空间改造中 "新旧" 共生设计理念研究 [D].合肥: 合肥工业大学, 2013: 15-23.

[29] 王林, 杜隽.旧建筑再利用的设计逻辑与设计方法探析 [J].城市建筑, 2013 (06): 14.

[30] 兰翔, 汤玮.旧建筑再利用设计方法初探 [J].美与时代 (中), 2012 (08): 110-111.

[31] 王一磊, 吴维.生态理念在旧工业建筑改造为茶馆设计中的运用研究 [J].福建茶叶, 2018, 40 (10): 106.

[32] 解明镜, 周春员, 李鑫.旧工业建筑改造中的被动式节能设计研究 [J].工业建筑, 2013, 43 (4): 42-44, 70.

[33] 赵纯.旧工业建筑群改造中的餐饮空间设计 [J].艺术百家, 2013 (z2): 156-158.

[34] 胡伟, 贾宁.旧建筑改造设计的探索与实践 [J].工业建筑, 2011, 41 (3): 60-62.

[35] 李金玲.建筑空间隔层的改造设计及施工要点分析 [J].山东农业大学学报 (自然科学版), 2021, 52 (2): 334-337.

[36] 杨月明.旧建筑改造设计 [J].建筑结构, 2020, 50 (17): 后插16.

[37] 李贺.基于人文需求的旧建筑改造设计 [J].建筑结构, 2020, 50 (19): 后插12-后插13.

[38] 胡沈健, 王鹏.老旧建筑室内空间改造现状与问题刍议 [J].美术大观, 2017 (3): 138-139.

[39] 李勤, 尹志洲, 田伟东, 等.基于功能需求的旧工业建筑体育空间再生设计策略研究 [J].西安建筑科技大学学报 (自然科学版), 2020, 52 (5): 709-716.

[40] 陈薇薇.城市旧厂房中餐饮空间模式的改造与设计 [J].美术大观, 2015 (7): 118-119.

[41] 杨雯琼.以观光体验型乡村振兴为目标的乡村建筑改造设计研究 [D].北京: 北京建筑大学, 2019: 34-55.